現在最流行的投資
在太空

行星取水、宇宙冶金、太空種菜、生物製藥……
當你發現在地球上能做的事都能搬到太空中，
科幻就變成科技了！

THE FUTURE OF
SPACE DEVELOPMENT

當人們不再仰望星空，而是「活在太空」，會是什麼情況？
無限水庫、胚胎育種、超導環境……
你以為宇宙空蕩蕩？待開發的能源讓無數太空迷都激動了！
你所想像得到的科技，和你完全想像不到的科幻，
總有一天，都將是未來世界的「日常」！

「地球是人類的搖籃，但人類不可能永遠生活在搖籃中。」

目錄

引言

10 歲前，我就開始讀科幻小說。

20 歲前，太空科幻是我購書的首選，我很可能買過市面上能買到的每一本太空小說。當時，人均居住面積才幾平方公尺。在斗室裡，只有這些書能讓我神遊天外，駕臨八荒。

20 歲到 30 歲之間，我開始用懷疑的眼光打量這些故事，它們既沒什麼科學根據，也算不上有想像力。讀過五十本，我就能知道裡面幾乎所有的故事套路。

30 歲到 40 歲之間，我開始自己創作科幻小說，並且把注意力轉回地面。眼前的故事還有很多沒有講好，何必去說那麼遙遠的事？衝向太空，開發宇宙？那是講給孩子們聽的，充其量是讓他們對科學產生興趣。

古代神話已經過時，航太故事就是替代品，是人們編寫的現代神話。等孩子們長大了，就會明白什麼才是鏡花水月。

40 歲到 50 歲之間，越來越多的科學發現提醒我，人類不僅應該登上太空，而且應該開發太空，並最終在太空中站穩腳跟。甚至，人類有一百個理由必須進入太空，並且刻不容緩。

就這樣搖搖擺擺，過了 50 歲，我決定寫一本書，認真地、系統地討論開發宇宙這項偉大事業。是的，前輩的理想並沒有過時，人類終究要成為太空民族。雖然中間停頓了幾十年，但是在歷史長河當中，這不過是一道迴水灣。

引言

回顧過去，整個人類對開發宇宙的熱情也曾經時起時伏。最初，人類並不知道「天高地厚」。他們認為日月星辰都在山頂上方，或者雲層背後，反正並不遙遠。如果配上羽毛黏成的翅膀、乘坐熱氣球、驅動巨型磁石，或者服食丹藥，人就能飛昇到那裡。

隨著近代科學的發展，人類開始知道宇宙的真實範圍，也知道登天需要多麼巨大的速度，宇航的熱情開始冷卻下來。到 19 世紀末，蘇聯中學教師齊奧爾科夫斯基提出宇航新方案時，科學界的主流意見是把宇航當成偽科學。由此，老前輩不得不透過撰寫科幻小說來宣傳自己的理想。

還好，齊奧爾科夫斯基去世前，液體火箭引擎最早的樣機已經點火成功。那一波宇航熱持續到 1980 年代初，催生出一個個奇蹟，最遠的太空飛行器甚至衝出海王星的軌道。

不過，進入 1990 年代後，隨著美俄宇航項目的壓縮，人類對太空的雄心再次收斂。如果窮根究底，我們會發現根源在於人類沒能釐清宇航事業的偉大意義。今天的科技水準遠高於當年，投入科學的經費也今非昔比。但是，人類似乎更願意在地球這一畝三分地上深耕細作。

「地球是人類的搖籃，但人類不可能永遠生活在搖籃中」，讓我們重溫前輩的名言，它就是本書的起點，也是本書的宗旨！

第一章
從沙粒到沙灘

　　航太新聞一出現，其他新聞就會讓路。校園裡的科普活動中，航太一向是重點，科技館更是不可能沒有航太展區。

　　然而，如果提問人類為什麼要進入太空？卻沒幾個人能回答出來。是的，講清楚這件事並不那麼容易，下面這章也只能為這個答案畫出一個輪廓。

01 ▶「未來」遲遲沒有來

　　1968 年，科幻電影《2001 太空漫遊》上映了。當時，蘇聯的「月球 9 號」已經在月球表面實現軟著陸，美國的「阿波羅計畫」更是緊鑼密鼓，眼看著要走向成功。於是，這部電影乾脆把載人宇航的目標定在木星，時間就是 33 年之後。

　　《2001 太空漫遊》改編自克拉克的科幻小說《前哨》。克拉克曾在 1947 年寫過一本科幻小說，名叫《太空序曲》，預言人類將於 1978 年到達月球，結果，事實比他的設想還提前了 9 年。

　　既然人類 1961 年才第一次飛上太空，8 年後就能著陸月球，按照這個速度，《2001 太空漫遊》的設想並不算太離奇。

　　在當時，宇航被稱作「未來」科技，肩負著引領人類的重大使命，甚至成為流行風潮。在美國，學校教師談宇航，電視劇聊宇航，甚至理髮店也為婦女設計「太空髮型」。

　　美國奇點大學創辦人之一、高科技企業家迪亞曼迪斯回顧這段歷史時說，小時候街頭到處都是和宇航有關的宣傳畫，科學家在電視節目裡告訴孩子們，30 年後，普通人買張票就能飛入太空。

　　過了 30 年，迪亞曼迪斯發現這個夢想遙不可及，憤而開設「安薩里 X 大獎」，鼓勵民營航太事業。然而，現實中，居然有 22% 的美國人懷疑載人登月是場騙局。因為如果不是的話，為什麼以今天的能力，人類反而不能重返月球？

美國白宮網站有一個欄目，請民眾投票，討論哪個政府機構應該被裁撤，結果美國太空總署多年位列榜首！很多美國人覺得這是個白花錢、沒效益的部門。為了保住預算，美國太空總署致力推廣大眾科學，但是一直都無濟於事。

我是在 2020 年撰寫本書的，此時，人類不光沒去木星，連月球都沒再光顧。「未來」為什麼沒有來？專家學者討論過各種原因，我就不重複他們的話了。我覺得，這裡面最大的問題，是科學界沒向大眾說清楚，為什麼要把錢花在航天上。畢竟，科學家沒辦法自己掏腰包去做這件大事。

以「小行星重定向任務」為例，這是歐巴馬政府 2010 年啟動的專案，該專案計劃用無人飛船抓取一顆小行星，將其拖入月球軌道，再派太空人登上去考察。從科學角度看，這是一次巨大飛躍，但為什麼要做這個專案？美國太空總署始終沒向管預算的議員們講清楚。他們一會兒說這是為防禦小行星撞擊地球，一會兒說這是為登陸火星做準備，每個理由都很牽強。最後，這個專案於 2017 年終止。

最近，航太專家開始炒作宜居行星。在科幻片裡面，主持人連線國際太空站太空站上的一名科學家，請他談談移民系外行星的前景，這位專家也很配合，從理論到實際資料都講了一番。

我看這個節目時就在想，他們對這個話題是認真的嗎？能登上太空太空站的人，難道不明白此舉要花費多少成本？

將目前全球發電量集中於一臺雷射器，才能勉強將一面光帆加速到光速的一半，這樣十幾年後才可以抵達比鄰星。然而，這只能送去百十公斤（1公斤＝1,000克）的有效載荷，並且這面光帆無法減速，只能走馬看花地拍一堆照片。

移民外星？這個目標高居於哈里發塔的 800 公尺之上，可人類到現在還沒有爬到 80 公尺。

02 ▶ 宇宙目標要明確

在航太領域，科學導向壓倒工程導向，這是導致大眾遠離航太的重要內因。

什麼叫科學導向？就是以求知為目標，以科研為手段，無論是花數十萬經費，還是數十億經費，獲得新知識就是最大收穫。然而，大眾並不清楚那些新知識的價值，雖然它們可能在科學上真的很有價值。

什麼是工程導向？就是以效果為主導，把工作目標設定為獲得更多資源，擴展人類空間，解決具體問題，其方式就是推動各種生產項目。

外行人並不清楚這兩種導向的區別。研究航太，難道不就是想從宇宙中獲取資源嗎？其實，宇航科學家們把精力用於探索宇宙，而不是開發宇宙。比如，他們津津樂道於太陽系哪顆天體上有生命，但這與人類整體利益關係極小。太陽系其他天體上即使有生命，最多也只是微生物。研究它們可以滿足科學

興趣，解開學術難題，對普通百姓又有什麼用呢？

　　至於為什麼要研究載人航太，而不是無人航太？這個大問題也沒講清楚。隨著自動控制技術的發展，很多工作都可以實現無人操作。

　　如果只從事無人航太，不用戴上氧氣、水和食物，也不用配備一套生命維持系統，更不用考慮船體是否會洩漏，太空飛行器裡面所有空間都塞滿科學儀器，不是比從事載人航太經濟得多嗎？

　　近地空間是這樣，深空探測更是這樣。「航海家1號」已經飛出冥王星軌道，其他在深空遊弋的無人飛船也有十幾艘，它們仍然能發回有價值的資訊。如果只是要從事科研，將來可以發射體積更大、性能更好的無人飛船。

　　除了好萊塢科幻大片，似乎根本沒必要研究載人航太，載人航太看上去很偉大，實際上會帶來更大的危險。看完《絕地救援》或者《愛上火星男孩》，你會覺得派一組無人飛船去考察火星，故事裡面的危險都不會發生，而用無人探測器考察火星，幾十年前就能辦到。

　　即使不是為尋求知識，只是想發展太空商業，載人航太也沒什麼意義。拋開軍事用途不說，如今天上已經有導航衛星、通訊衛星、氣象衛星。總之，一系列民用衛星在太空為人類服務。但是，地面上沒有人接受過國際太空太空站上人類的服務。

總之，發展載人航太，無論在科研上，還是在經濟上，都看不出什麼前景。各國宇航局說不出理由，民間的航太粉更說不出，他們能提出的最大目標，就是發展太空旅遊。然而，無論 2,000 萬美元的軌道飛行，還是 20 萬美元的次軌道飛行，都不像可以普及的項目。

要想讓民眾把熱情再次轉向航太事業，上面這些說辭可遠遠不夠。無奈，誰都不可能以己昏昏，使人昭昭。從事宇航的人自己還沒弄清為什麼做這件事，何以說服大眾？

03 ▶ 能源造就文明等級

3.6 億年前，一群勇敢的魚游上岸，發展成兩棲類。

700 萬年前，一群勇敢的猿從樹上跳下來，開始直立行走。

21 萬年前，一群追逐獵物的現代人走出非洲，散布到全世界。

1.2 萬年前，一群辛勤的部落民族在小亞細亞種植糧食，文明從此有了開端。

300 多年前，一群想冒險的商人在英國把機械裝置引入勞動，從此有了我們周圍的一切。

感謝這些先驅者造就了我們，然而以後呢？

幾年前，我在太原一所小學裡為孩子們講本書的主題，有個學生提問，「老師，人類什麼時候可以達到第二級文明？」

我當時很震驚，一個小學生都聽說過「卡爾達肖夫文明等級理論」嗎？於是我反問了一下，發現他真的是在說這個理論。

1964 年，蘇聯天文學家卡爾達肖夫提出了一個理論，認為文明等級可以透過掌握不同能量水準來劃分。卡爾達肖夫是想劃分傳說中的外星文明，所以他的思路一開始就在太空上，他把第一等級定位在控制本行星所有能源，第二等級定位於控制本恆星系的全部能源，第三等級定位於跨星系開發能源。

這個理論不光定性，還有一堆數位化指標。根據計算，現在人類能源使用水準只達到 0.73 級，這並不意味著還差 0.27 級我們就能控制地球所有能源。等級中每相隔 0.1 級，就可能差 10 倍，這樣的話，人類離一級文明還差數百倍呢！而如果一艘外星飛船到達地球，就表明他們已經超過二級文明，在向第三級文明前進了。

「卡爾達肖夫文明等級理論」立意過高，後來，能源學家把思路轉向地球，認為能源水準決定著現實中不同文明的水準。比如，大刀長矛打不過機關槍，本質上是以人體生物能為基礎的軍隊，打不過以化學能為基礎的軍隊。

當今世界各國的貧富差距，仔細一算，人均能量利用是最真實的指標。

在科學家眼裡，要讓人們富裕起來，人均能源使用量是

個實際的指標。而且和物價、匯率這些相比，可能是更確切的指標。當你坐在家裡點外送時，一定要知道這些商品是在其他地方花掉很多能源生產出來，又花掉很多能源送到你面前的。

然而，人類只待在地球上，就能達到一級文明嗎？這也不可能。如今，人類每年能源消耗總量大約是工業革命前的700倍，地球已經不堪重負。如果再增加270倍，不，離這個目標還很遠的時候，地球就會變成一口巨型高壓鍋。

所以，我們需要更靈活地理解卡爾達肖夫的思想，也就是說人類可以掌握相當於整個地球的能源輸出，但不是在地面上達到這一點。地球所接受的太陽能，只占太陽輸出的$1/22 \times 10^8$。僅就能源而言，天上遠遠比地面富裕。

04 ▶ 十萬倍的水

不管男人女人，都是「水做的生命」。成年人體內水含量達到60%左右，嬰幼兒達到70%。人體是這樣，食物也是一樣。肉類含水60%到80%，蔬菜含水80%到95%，水果含水80%到95%。很多人平時不愛喝水，但是吃飯就等於攝入水。

太空人登上太空，要攜帶脫水食品。食用時，太空人通常要對它們進行復水。因為如果攜帶普通食品上太空，其實和攜帶水沒有多大區別。如今，載人航太中的水都要用火箭

推進劑送上去，貴比黃金。將來開展太空工業，太空中將有大量常住人口，太空居民點的食物必須靠自身的農場來培育，而不能都依靠地球供給。無論我們如何選擇耐旱品種，那都將是一個用水大戶。

太空上有沒有水呢？其實，別被地球那蔚藍色的外表所欺騙，水只是覆蓋了地表薄薄的一層。如果把地球比喻成蘋果，這一層大概相當於蘋果皮那麼厚。如果把含水量與整個天體質量相比，地球在太陽系裡根本不算水的富戶。

僅僅在地球周圍，就有不少天體含水。以近地小行星為例，月球上已探明有大約 6 億噸水，水星上初步估算有超過千億噸水，它們都以冰的形式，保存在太陽永遠直射不到的地方。此外，金星大氣裡有水蒸氣，火星土壤裡可能封凍著大量的水。

這僅僅是「宜居帶」的情況，所謂宜居帶，就是在恆星的照射下，可以存在液態水的地方。離太陽更遠的空間稱為「凍結帶」，進入這個範圍的天體上如果有水，就以冰的形式封存在那裡。

太陽系的「凍結帶」開始於火木之間的小行星帶，在那裡，僅一顆名叫穀神星的小行星，其含水量就相當於地球的含水量。其他雜七雜八的小行星，含有水的也不少。

再往遠處看，木衛二有個厚厚的冰殼，下面還可能有液體海洋，總水量相當於地球水量的兩倍。木衛三同樣有這兩

樣東西，只是冰殼沒有覆蓋於整個表面，總水量可能多達地球水量的 30 倍。土衛六以大氣和甲烷海洋著稱，但仍然含有相當於地球 10 倍以上的水！

這僅僅是衛星和小行星，大行星就更不得了。木星大氣裡含有 0.25% 的水分子，聽上去很小，但是木星大氣何等雄厚，所以木星的總水量是地球水量的 35 倍。天王星的含水量更是高達地球水量的數萬倍！

再往遠去，古柏帶與歐特雲儲存著無數的彗星，冰是它們的主要成分。

地球並非水的富戶，只不過這裡有液態水，能夠形成生命。太陽系絕大部分水都以冰的形式存在，無法產生生命，更談不上智慧生命，它們就成為人類的水庫，在遙遠的天際等待著我們。

冰在零度融化成水，這條物理規律放之宇宙而皆準，採冰化水的能耗也遠低於採礦冶煉。一旦人類進入太空，不會缺乏水的補給站。

05 ▶ 滿天飛翔金屬礦

凡爾納曾在晚年創作出科幻名篇《流星追逐記》，書中寫到，某日天文學家發現一顆小行星，經光譜分析測定竟然是由純金構成，總重 186.7 萬噸！科學怪人澤費蘭‧西達爾發明出引力波裝置，悄悄地、慢慢地吸引它飛向地球，結果

導致黃金大貶值！

100 年後，這個預言的一半正在成為現實。科學家估計，一顆命名為「2011UW-158」的小行星上有 1 億噸鉑族金屬，而且它距離地球只有 240 萬公里，從宇宙尺度來看相當於擦肩而過的距離。至於這個預言的另一半，鉑價會暴跌，將來也會變成現實，但也並非什麼壞事。除了含鉑的小行星，太陽系裡還漂流著其他富含多種金屬礦的小行星。

幾十億年前，太陽系中形成了一些熔岩行星，這些行星上的金屬因為比重大，在熔岩大海裡朝內核沉降。所以，地球上哪裡金屬最多？不是地表的礦山，而是地核，那是一個比月球還大的金屬球。

等熔岩天體冷凝後，還會經常互相碰撞。體積相似的兩個「星子」撞擊後會粉身碎骨，內核直接變成金屬塊飛散出去。比如，水星在原始狀態時就遭遇過大碰撞，大部分外殼剝離脫落。結果，金屬內核體積相當於整個天體的 85%，甚至接近地球內核。如果沒發生這次撞擊，水星可能有金星那麼大。

水星這些金屬仍然覆蓋在岩石外殼下面，無法利用。位於小行星帶的靈神星則是一顆裸露的金屬內核，靈神星直徑 241 公里，差不多有臺北到嘉義那麼遠。這個體積在天體世界裡毫不起眼，但它上面除了一點點岩石，剩下的全是金屬。想像一下從臺北開車去嘉義，道路由金屬構成，周圍遍布金屬山脈，你就知道這有多麼震撼了。

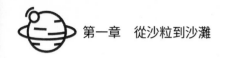

不過，這些滿天飛翔的金屬礦對地球人類有什麼意義呢？從科學角度來講，澤費蘭・西達爾的引力波大炮無法製造出來，人類只能藉由飛船的返回艙攜帶一點點宇宙物質，包括幾百公斤月球標本，還有幾克彗星標本，幾克小行星標本。即使把這個運輸量提高幾百倍，也遠不如在地面上冶金更實際。

太空金屬的價值，在於替代宇宙開發中地球金屬的使用量。如今人類發射的所有太空飛行器，除了研製中的「畢格羅變形艙」，其他都由金屬材料製造。未來的太空工廠和太空城市，恐怕仍然要以金屬材料為主，那可得使用成千上萬噸。直接使用太空金屬，逐漸替代地面輸送的金屬，才是未來太空開發的路線圖。

雖然人類每年能夠冶煉十幾億噸金屬，但是大地本身並非金屬富集區。太空金屬總量遠多於地面，直接熔煉太空中這些游離態金屬，其過程也比從礦石中冶金更容易。當然，前提是要能把設備送到那裡。

06 ▶ 無限空間在眼前

今天，肯亞的氣溫是攝氏幾度？

衣索比亞最近有沒有發生蝗災？

沒幾個讀者能回答上述問題，大家並不關注這些地方。但是在 7 萬年前，全人類總數只有區區幾萬，而 90% 的人都

居住在這個地方。當地稍有風吹草動，都是關乎人類是否滅種的大事。

　　一旦有機會，人類就想辦法努力從較小的空間進入較大的空間，爭取更多的發展機會。整個宇宙，或者先退一步，只談太陽系，與地球相比都大得無可比擬，是沙粒與沙灘的關係。

　　1977 年 9 月 5 日，「航海家 1 號」發射升空，當它飛到 60 億公里以外時，控制中心發出一道指令，要它轉過身來，為太陽系拍一張全家福。

　　照片洗出來後，一名工作人員發現上面沾了灰塵，就用手去擦拭，結果沒擦掉，他才意識到那是一個天體的影像。辨認方位後他們發現，這個天體正是地球！現在我們看到這張照片，地球會被特別標示出來。否則，我們根本無法從一片星海中認出它來。

　　有的讀者會質疑，客觀存在的宇宙空間和人類能使用的建築空間並不相同。宇宙再大，難道我們要生活在真空中嗎？

　　是的，以人類現在的技術，宇宙中的實用空間還非常小。國際太空站是人類在太空中搭建的最大空間，它有多大呢？目前成長到 916 立方公尺。城市裡面一個三房住家，通常就有 100 平方公尺，如果我們按 3 公尺淨高來算，國際太空站只相當於三間三房的住宅。

　　這可是由 16 個國家參與，花了 1,600 億美元，進行了

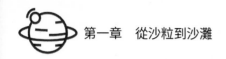

26 年的項目，用同樣多的時間和金錢，萬達廣場已經遍地開花。然而回想一下，人類最早從洞穴中走出來建造房屋，也不過是搭了一些小窩棚。陝西半坡遺址上最大的房子，內部面積是 160 平方公尺。現在，全球最大的單體建築成都新世紀環球中心，總建築面積約 176 萬平方公尺。

人類花費 6,000 多年，把地面建築體積擴大了 1 萬多倍。以現在的科學技術發展速度來看，在太空中擴建人類空間，應該花不了這麼長時間。獲得更大的空間，也是非常可行的宇宙目標！

不過一提到移民太空，普通人首先想到的就是移民外星。艾西莫夫曾經把科幻中的外星移民熱稱為「行星沙文主義」，意思是說，為什麼非得找一個與地球一樣的天體去移民？有足夠的技術做支援，太空中哪裡不能生活？

移民外星，不過是小農經濟時代的夢想。當年歐洲移民帶著糧食和牲畜來到美洲，找到類似的環境，馬上開枝散葉。現在，腦海中並沒有宇宙真實圖景的人們就把這段歷史投射到太空。然而，離地球最近的宜居星球大約在幾光年外。從地球到那裡，就像幾隻細菌從黃海邊上的一粒沙出發，去往南海邊上的另一粒沙。

必須站在土地上，心裡才踏實，這是典型的傳統思維。生活在幾公里直徑的太空城裡面，只要有人工重力，你的感覺同樣很堅固。同時，你還可以擁有幾倍於地面的空間。

至於太空城市在哪裡建？怎麼建？這些具體環節後面會說明。重點是要把「移民太空」和「移民外星」分清楚，前者是真實的技術目標，後者只存在於劣等科幻作品裡。

07 ▶ 人人如天使

有名女太空人在國際太空站留駐了很長時間後返回地球，她告訴記者，再拿起手機，感覺有磚頭那麼重。

是的，生活在重力世界，我們對重力的存在習以為常。比如，人類立定跳高紀錄是 1.75 公尺（由於其中包含屈膝動作，不一定準確反應彈跳力），而在月球上，普通人都能跳到這種高度。當年那些太空人之所以沒跳到，只是因為穿著笨重的太空衣。如果換到無重力環境下，我們每個人都能成為沒有翅膀的天使。

假設把 100 多公尺長的國際太空站搬到地面豎起來，以它那種形狀是立不住的。然而，假設將地表最高建築哈里發塔放進地球軌道，再延長幾倍都沒有問題，無重力環境就是這麼可愛。設計中的太空城完全就是超大型建築，可以延展到幾十公里那麼長。如果把它放在地面上，即使不垮塌，也會深深陷入地面。

在工程師眼裡，太空環境並非那麼嚴酷，反而擁有發展工業的不少非物質資源，例如無摩擦、低重力的空間環境就非常重要。

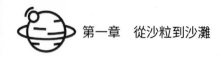

　　一架飛機繞地球一圈要消耗許多噸推進劑，因為引擎一旦停機，空氣阻力和地球引力便會聯合把它拉下來。但是衛星入軌後，繞地球一圈卻連一節電池的能量都不用，因為它完全憑藉慣性，只是需要一定時間後變軌調整。

　　無人飛船「航海家 1 號」發射時使用泰坦火箭，推進劑有 500 多噸。換算成汽油的話，可供家用汽車行駛幾百萬公里。然而，「航海家 1 號」已經飛出 211 億公里！

　　如果只在月球軌道之內飛行，航太比航空和地面運輸昂貴得多。但如果在行星際間飛行，航太推進劑與里程相比，可以小到忽略不計。未來的宇宙開發，大量運輸要在行星之間完成。

　　在地球上將礦石開採出來，運到冶煉廠，再把成品運到使用者手裡，這個過程要消耗巨大能量。一是要把物體舉起來，這是在克服重力。二是要把物體運到遠處，這是在克服摩擦力，而摩擦力的來源也是重力。

　　而在太空中，一個人徒手移動物體的紀錄是 750 公斤，所以一個人攜帶噴氣背包，就可以推著幾噸物體到達指定位置，這個物體可以是一大塊礦石、一臺大型設備，也可以是太空城的某個預製件。

　　人類要花巨大代價才能擺脫重力的控制，然而一旦進入太空，我們就能夠變成自由飛翔的小天使。

　　零重力會讓很多工藝變得容易，比如在零重力環境下冶

金，不用任何容器，原料可以直接飄浮在空中，透過微波或者電磁方式加熱。如果用肉眼去看，這些飄浮著的原料會慢慢發亮、熔化，看不到煙火。

零重力環境下液體呈完美的球形，所以，在太空生產的軸承遠比在地球生產的圓。同樣由於無重力，溶劑不會發生沉澱現象，一些生物藥劑的生產效率會比在地球上生產高幾倍。

總之，在地面上難以生產甚至不能生產的許多產品，在太空中生產卻易如反掌。

08 ▶ 這些都是新資源

和低重力一樣，太空中除了有形資源，還有很多無形資源。比如，太空本身就是個碩大無朋的無塵空間。

地球上很多工業需要設置無塵室，比如精密機械工業、電子工業、高純度化學工業、原子能工業、光磁產品工業等。為了布置和維持無塵空間，要花很多精力和能源。工人進出車間都需要穿特製衣服，需要風淋。

然而，宇宙空間比人類最好的無塵室都要「乾淨」。用材料直接圍出一個工作間，只要不輸入氣體，它就是無塵室。

高真空帶來高潔淨。太空中偶爾也有水形蟲或者個別細菌能夠存活，但其存活的難度遠遠高於地球。所以，太空也是個防疫的優良環境。只要人類進入太空飛行器時進行過檢

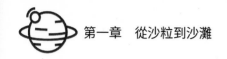

疫，不把有害的細菌和病毒帶上去，人類就會進入一個高度衛生的環境。

　　未來人類會有很多太空定居點，彼此之間會被超真空的太空環境分離，人員進出定居點都要進行檢疫，這就從根本上杜絕了傳染病的產生。

　　要知道，傳染病雖然自古就有，但是，大規模的瘟疫在歷史上是由於人類定居才出現的。除了面對面傳染，定居的人類更會透過流動的空氣和水互相傳染，而在太空時代到來之後，瘟疫將再次告別史冊。

　　除了超真空，太空還是個巨大無比的天然冷源。

　　18 世紀末，美國剛剛成立，人口稀少，也沒什麼工業，賣冰塊成為人們換取保值貨幣的重要方式。是的，就是天然大冰塊。冬天時，他們從北方冰面上切割下厚厚的冰塊，鋪上木屑來保溫，再把冰塊裝上船隻，繞過大洋，賣到其他國家，甚至穿越半個地球，把冰塊賣到廣州！

　　在人類使用製冷機之前，一直用天然冰塊和深井水來製冷，它們都屬於天然冷源，這當然很環保，但是也有明顯的缺點，就是不能隨時隨地製冷，必須遠距離移動，而冰塊和深井水製冷能力也非常有限。

　　當然，現在我們都用製冷機，同時也消耗了巨大的能源。在夏天，空調耗電通常達到城市耗電的 1/3，像冷鏈運輸、精密工業等生產部門，製冷降溫相對重要。

太空則不同，由於沒有氣體來傳導熱量，只要有效地遮擋陽光，哪裡都能獲得超低溫。甚至，當太空人在太空中作業時，背光的一面就能降到零下 100 多攝氏度。所以太空人要經常在太空中轉身，以避免身體一邊過熱，一邊過冷。

一座未來的太空工廠，只要用巨幕遮擋陽光，背光的部位就能獲得超低溫。這塊巨幕也不用特別去設計，讓太陽能電池板充當就可以。這樣還能一板二用，既發電，又製冷。

09 ▶ 最好的實驗室

在瑞士和法國交界的侏羅山地下 100 公尺處，有一條長約 27 公里的巨環，它就是歐洲大型強子對撞機，也是目前全球功率最大的粒子加速器。透過這道巨環，兩個質子能以超高能量加速對撞。

然而在太空中，隨處可遇高能粒子，它們所包含的能量，遠遠超過這些機器提供給粒子的能量，最多的達到上千倍！

地球是方圓幾光年裡最為特殊的環境，特殊到能培育出人類這樣高級的生命，但也正因為地球環境太過特殊，很多在宇宙中常見的自然規律，在地表反而不容易觀察到。宇宙中的物質主要以等離子體方式存在，比例最高的元素是氫。這些都和我們在地面看到的大相徑庭。

科學家要獲得超冷、超熱、超真空等實驗環境，必須建造龐大的設施，消耗大量的能源。日本航太科學家最早進行

太空冶煉實驗時，是把裝置放到飛機上，在高空關閉引擎，透過自由落體，才獲得 30 秒的失重狀態。

而在地球周圍，就是零重力、高輻射、無雲層的宇宙空間，對於科學家來說，它們都是遠比地球優越的實驗環境，所以，太空實驗往往優於地面實驗。

著名的太空育種項目，就是把植物種子搭載到太空飛行器上，使其接受高能宇宙射線的照射，誘發變異，返回地面後再把其中有用的變異保存下來。

這些還只是地面科研項目的升級，至於天體研究這類課題，到太空中實地考察，永遠比待在地面上霧裡看花要強。這也是為什麼已經有了那麼多望遠鏡，科學家還是要發射無人飛船去一探究竟的原因。

10▶文旅新目標

宇航事業是由一群「理工男」奠基的，他們更關注實實在在的科研和資源價值，鮮少關注文化與情感價值。由這群人描繪的太空事業總是板著冷冰冰的面孔，這也是它們為社會上很多人排斥的一個重要原因。

其實，宇宙本身就包含著廣泛的文化旅遊資源。它不僅是科研目標，也是文藝創作的目標。

1944 年，一位名叫邦艾斯泰的美國畫家繪製出「土星世界」組畫，開創了太空美術這個全新藝術領域。邦艾斯泰

曾經是建築設計師和電影從業者，他在天文學家指導下，依據當時的天文知識，透過幻想的人類視角來繪製太空奇景，這些畫作不僅細節逼真，而且氣勢磅礡，具有獨特的美學價值。邦艾斯泰的繪畫發表於各種雜誌封面或者電視節目當中，激發起一代美國青年探索太空的熱情。

太空中的另一個文化資源是小行星命名。目前，小行星除了編號，還可以申請命名，用於紀念人物、地方或者事件。在國際天文學聯合會審批下，共有 1 萬多顆小行星獲得了命名。前述太空美術家邦艾斯泰和李元也都獲得了小行星命名。

所以我們可以邀請太空美術專家與天文學家配合，專門繪製某顆獲得命名的小行星。比如，可以想像某個活著的人物站在以他命名的小行星上，或者想像在某顆小行星上遙望地球會是什麼樣。

這些藝術形象可以製作成畫冊、數位相片或者紀念品，產生文化價值。這樣一來，小行星從命名到形象製作，就形成了一條產業鏈。現在人類已經發現了超過 127 萬顆小行星，並且還在以每年十幾萬顆的速度累積，命名資源遠遠不會枯竭。

2001 年 4 月 28 日，美國人蒂托搭乘俄國飛船進入國際太空站，進行了為期 8 天的旅遊，成為第一名太空遊客。國際太空站在建設初期非常依賴俄國太空飛行器，蒂托塔這張太空遊票是從俄羅斯航太那裡獲得的。後來這種做法受到批評，就沒有再繼續。

　　接下來以維珍公司為首，國際上出現一批從事次軌道旅遊的企業。人們花費幾萬美元，就可以乘坐次軌道飛機越過卡門線，或者乘坐氦氣球到達 3 萬公尺高空。甚至更簡單一些，乘坐運輸機飛上去，在自由落體運動中獲得幾分鐘的失重體驗。

　　不要覺得太空旅遊沒有專業技術，美國旅館商人畢格羅計劃用柔性結構打造太空旅館，突破了以往太空飛行器只採用剛性結構的傳統，這種充氣太空站很有可能極大地擴展太空人的活動空間。

　　從現在開始，太空事業的宏圖裡就不能缺少文旅成分。

第二章
危險家園

地球是人類的母親。從空氣到水，從能源到材料，人類文明的一切資源都來自地球。然而，人類遭受的所有災難也都來自這位喜怒無常的母親。永遠困在地面，那些滅頂之災早晚會降臨在我們頭上。

這不是科幻，這是必然的未來，它在前面等著人類，除非我們提前離開地球，在宇宙中生活。

01 ▶ 懸崖就在前方

要想讓一個人進步，需要有遠大目標產生拉力，吸引他邁向更好的環境，也需要有危機產生推力，促使他離開當前的環境。

無論一個人還是一群人，或者整個人類，大體都是如此。既無壓力也無動力，大家就會原地踏步。只有推力或者只有拉力，只能夠驅使一些人行動起來。但如果既有推力又有拉力，就會讓人們產生迫切感，想拚命離開原地，朝著遠大目標前進。

所以，我在前一章說明了吸引人類遠征宇宙的拉力，下面就講講促使人類離開地球的推力。

1951 年，物理學家費米和朋友閒聊，話題是宇宙中能有多少天體產生智慧生命。以他們的知識來推論，結果非常樂觀，然而費米卻隨口說了一句話：「可是他們都在哪裡呢？」

這句看似平常的話，是一個「細思極恐」的命題，後來就被稱為費米悖論。

僅僅 100 多年，人類最快的交通工具就從馬車變成飛船。宇宙那麼大，可能存在外星人的世界那麼多，很容易造就出比人類先進幾千年的外星人。所以，光子飛船應該天天在我們頭頂上盤旋才對。

即使沒看到外星人的飛船，收到他們的無線電波總要簡

單得多吧？我們人類早在 100 年前，就開始朝宇宙空間發射無線電波。

然而，無論是費米發出這句感慨的 1951 年，還是我寫下本書的現在，這些事都沒發生。不管理論上能存在多少種外星人，事實上地球人仍然孤獨地生存著。

圍繞費米悖論，人們展開很多猜想。有人說，別看從馬車發展到飛船很容易，從星系內飛船發展到恆星際飛船，技術難度就大得多，畢竟要接近光速才行嘛。所以，外星人即使比我們先進幾百上千年，也不足以讓他們有足夠的技術光臨地球。

也有人說，外星人其實早就來了，一直潛伏在地球上研究我們。因為他們技術水準太高，所以人類根本發現不了。

這兩種說法聽上去都不那麼可怕，即便最後證明為事實，人類也感受不到威脅。另外一種推測就很恐怖了，這種推測認為，僅銀河系裡面，適合發展出生命的行星就有 100 萬個。但是，絕大多數生命都在進化過程早期被天體等級的災難毀滅掉了，根本沒進化到智慧生命，更談不上無線電和太空船。

一場地震，一次洪災，只會影響某個星球表面很小一片地方。只有席捲全球的災難，才會讓智慧生命斷子絕孫。其實，這種星球等級的災難在地球上發生過很多次，生命最終能挺過這些災難，誕生出人類，是僥倖中的僥倖。

　　克拉克在科幻小說《星》當中，描寫一支人類考察隊跨越幾千光年，找到一顆類地行星，其表面到處都有智慧生命的遺跡，但是無人倖存，它的母星已經在幾千年前化為超新星，爆發時毀滅了這顆行星上的一切生命。

　　雖然人類已經走過幾十萬年崎嶇的小路，目前也看似順風順水，但是，文明的斷崖隨時會出現在前方。要知道，文明的基礎是能源，以人類今天掌握的能源水準，可以抵擋局部災難，如果遇到下面這些天文級別的災難，別說一個國家，全人類加起來可能都無法抵擋。

02 ▶ 從天而降

　　恐龍毀於一次小行星撞擊，這對於大家來說都是常識了。然而，3,500 萬年前還有一顆稍小的天體撞擊過地球，這就很少有人知道了，因為它並沒有導致哪種生物徹底滅絕。不過，這次撞擊的碎片覆蓋了 1,000 萬平方公里地表，如果發生在今天，能夠毀滅掉十幾個國家。

　　1.29 萬年前，全球天氣已經變暖很久，人類正向兩極進軍。地球溫度突然在 10 年內下降 7 到 8 攝氏度，冰川迅速擴張，散居在高緯度地區的人類大量死亡，災難時間長達 1,000 年。據分析，只有天體撞擊才能形成這種效果，只是到現在還沒找到此次撞擊形成的隕石坑。

　　這種級別的天體襲擊，未來 1,000 年內可能都不會發

生。然而，達到通古斯爆炸級別的天體撞擊，發生頻率則要大得多。1908 年 6 月 30 日，發生在俄國通古斯地區的這場爆炸，據推測產生於一塊直徑 90 公尺到 200 公尺的隕冰，這塊隕冰在大氣層內解體，釋放出 2,000 萬噸 TNT 當量的能量，如果墜落點偏差 5,000 公里，這個能量足夠毀滅莫斯科。

隕石命中人類定居點，古籍中似有記載。《聖經》中記載的「索多瑪和蛾摩拉城」，便有可能毀滅於隕石撞擊。原文是這樣寫的：「耶和華將硫磺與火從天上降於索多瑪與蛾摩拉，把那些城和全平原，並城裡所有的居民，連地上生長的都毀滅了。一時平原全地煙氣上騰，如同燒窯一般。」這很像大型隕石墜地時發生的場面。

西元 1626 年 5 月 30 日發生在北京王恭廠的離奇爆炸，死傷萬人。清初《明季北略》一書記載如下：「天啟丙寅五月初六日巳時，天色皎潔，忽有聲如吼，從東北方漸至京城西南角。灰氣湧起，屋宇震盪，須臾大震一聲，天崩地塌，昏黑如夜，萬室平沉。」

這段描寫也很像隕石墜落，這種災難非常罕見，普通人終生見不到一次，看到了也無法說清它究竟是什麼，只好用描寫的方式來記錄。

如果說這些都只是文字的話，印度摩亨佐達羅的「死亡之丘」則完全是真實的考古遺跡。4,000 年前，摩亨佐達羅發生過強烈爆炸，衝擊波擴散到 1 公里遠，摧毀了所有建築

物，人員當場死亡。那裡沒有火山，能在遠古引發如此爆炸的物體只有隕石。

2008 年，一顆小行星在蘇丹北部上空爆炸，釋放當量為 2,000 噸 TNT，達到小型核武器的程度。2013 年墜落在俄羅斯車里雅賓斯克的那塊隕石，如果直接命中大城市核心區，也會造成相當傷亡，雖然它的直徑可能只有 1 公尺多。

人們極少目擊隕石災難。全球核子試驗監控網每年都會記載到核爆級別的隕石撞擊事件，只不過它們大部分擊中海面。另外，約有 1/4 的陸地表面無人居住，隕石撞擊在這些地方也不會造成災害。如果隕石撞擊發生在夜間，目擊的人也很少。只是由於監控鏡頭逐漸普遍化，這些年才陸續記載下一些隕擊畫面。

如今，人類已經建立起近地空間預警系統，能夠監測附近的小行星，但如果真有大型隕石撞擊威脅發生，人類並沒有現成的技術去躲避它，只能發出警報，然後聽天由命。

要解決天文等級的撞擊，就需要天文等級的武器，我們不大可能在地面上把它們造出來。

03 ▶ 超級火山

金星是地球的姐妹星，曾經也是生命宜居之地。有人認為，直到 7 億年前，金星表面環境仍然類似地球，溫度不超過 50 攝氏度。

金星怎麼變成現在這副地獄般的面貌？有一種推測認為，7億年前那裡爆發了超級火山，並且持續數百萬年。海水變成蒸氣，而水蒸氣是溫室氣體，進一步提高了金星表面的溫度，直至溫室效應無法停止，惡性循環。

地球上有可能發生這種事嗎？當然有，並且早就發生過。

2.5億年前，在西伯利亞地區爆發了超級火山運動。需要注意的是，當年西伯利亞並不在今天這個位置。這次噴發整整持續了100萬年，數百萬立方公里的物質湧出地面，形成一片700萬平方公里的「地盾」，如今還殘留著100萬平方公里。

這麼持久的火山噴發，生命肯定無法承受。這次火山噴發總共殺死了90%的生物，史稱二疊紀大滅絕。如果這次噴發再持續幾十萬年，恐怕就會讓地球上所有的生物都滅絕。

2.5億年前的事與我們無關，不過，7.35萬年前的事卻差點毀滅了人類。當時，位於印尼蘇門答臘島的多峇火山開始噴發，令地球表面氣溫下降了1800年。食物鏈斷裂，殺死了大約60%的生命。當時，人類已經散布到許多地方，絕大部分死於這場災難，僅東非殘存著一些人類，那裡還剩多少人？推測最多2萬人，最少才幾千人。

我們這些懵懂無知的祖先，估計並不知道世界發生了大災變，只知道在他們重新走向地球其他地方的時候，沒遇到

什麼同類阻礙，這在古人類學上稱作「大取代假說」。在超級火山中殘存的這幾千到 2 萬人的後代，有幸替代了其他人類，最終成為 70 億當代人的祖先。

多峇火山爆發後，火山口形成一片湖。多峇火山的間隙期大概是 30 萬年，在新的能量累積完之前，我們不用擔心它二次噴發。不過，對於美國的黃石火山，距離危險可就短暫得多。

黃石火山是不亞於多峇火山的超級火山，它的間隙期是 60 萬年，最後一次噴發正好在 63 萬年前，如今隨時可能爆發。

想當年，人類還沒有走到美洲，無人目擊那次噴發。不過，它的下一次噴發經常出現在科幻片當中，比如《2012》、《超級火山》等。在科學家的推演中，黃石火山如果爆發，火山灰將覆蓋美國 1/3 的國土，而剩下的地區肯定也不宜人居。火山灰常年飄浮在大氣中，導致農作物絕收，人類普遍陷於饑餓。飯都吃不飽，更談不上經濟發展和社會發展。

以人類今天的技術，當不至於因此滅絕。但是死亡 90% 的人口，生產水準倒退到中世紀，恐怕是可能發生的。由於黃石火山如此危險，美國在當地一直設有監測站。問題是監測容易，一旦爆發，卻沒有什麼方法來阻止。

地球有可能是人類文明的終極殺手，這聽上去很古怪，但卻是事實。人類需要地球嗎？當然！地球需要人類嗎？從

來都不！地表有沒有人類，甚至有沒有生命，地球都還是地球，這才是人與地球的真實關係。

04 ▶ 無形殺手

當恆星老化以後，如果內部能量抵禦不住重力，就會猛烈地爆發。根據釋放能量的多寡，這種爆發分為新星爆發和超新星爆發。幾十億年後，太陽會在一場新星爆發中死亡，而質量超過太陽 8 倍以上的恆星，在晚年會有一場超新星爆發作為葬禮。

無論哪一種，都並不必然是件壞事。爆發所形成的星雲，是下一代恆星的胚胎。地球便和太陽一起，誕生於前代恆星爆發後留下的星雲中。

恆星以氫為主，一旦爆發，強烈的射線將許多輕核聚集成重原子核，才有了我們身邊的萬事萬物。不管是你使用的玻璃、金屬和磚石，還是組成你身體的碳、氧、氮和微量元素，它們都是新星爆發的遺物。

然而，如果在生命進化進程中，地球附近宇宙空間來一場超新星爆發，那可就是大災難。這個「附近」應該有多近呢？大約是 50 光年到 100 光年。在這個距離之內出現爆發，強輻射會吹走高層大氣，蒸發水體，焚燒植物，令地球變成地獄。剩下的生命體由於遭受強輻射，DNA 鏈條被大量擊斷，最終不是死亡，就是發生變異。

不過，即使超新星爆發的強烈輻射衝擊到地球，也不會留下地質變化，所以在地質學家眼裡，超新星爆發就像無形殺手，它什麼時候襲擊過地球，需要透過同位素等方法才能辨認出來。

如今，在地球附近的安全距離內，並沒有可能爆發的衰老恆星。兩顆離我們最近的死亡邊緣恆星，一顆叫做參宿四，是紅超巨星，已經在朝外噴射氣殼，未來任何一個瞬間都有可能大爆發。另一顆叫做海山二，是藍超巨星，它自從被人類觀察到以後，亮度經常變化，人們推測它已經到了爆發的邊緣。不過，前者距離地球 700 光年，後者距離地球 7,000 光年。即使爆發，人類也可以安全地看戲。

雖然太陽系附近目前沒有這種定時炸彈，但是太陽系圍繞著銀河系在運轉，位置並不固定，說不定什麼時候，就會運轉到一顆瀕死恆星旁邊。4.4 億年前，很有可能是一顆超新星導致了「奧陶紀大滅絕」，當時有 85% 的物種遭遇毀滅。

由於輻射以光速到達地球，所以如果將來有此災難，當人類看到超新星爆發時，早已經無計可施。超新星爆發類似於小天體撞擊，災難瞬間達到最高值，然後慢慢衰減，這個慘烈的過程，可以在科幻小說《超新星紀元》裡讀到。

大約 250 萬年—800 萬年前，一顆較小的超新星在距離地球 200 光年左右的空間爆發，這已經到了安全距離之外，所以它並未直接殺死地球生命，但它導致臭氧層濃度大大下

降，數百年後才恢復正常。

臭氧層減弱，太陽紫外線就會長驅直入，破壞生命體的DNA 鏈條，其後果就是有大量生物因變異而死亡。那次事件發生後，大約有 57%的哺乳動物加速滅絕。幸運的是，其中不包括我們那些已經來到地面的祖先。

05 ▶ 地球的格式化

有家影視公司聘請我做顧問，為他們的科幻網劇尋找科學基礎，在這部劇裡，人類由於某種災難，數量只剩下 3,000萬。他們出的題目是，什麼災難才能導致這種後果？並且，不要用小行星撞地球，或者超新星爆發為題材，那些素材都不新鮮了。

於是我建議他們，可以把災難設定為 γ 射線大爆發。

如果說超新星爆發人類還能夠硬撐過去，γ 射線暴甚至會將地球重新「格式化」。γ 射線是波長最短的電磁波，穿透力也最強，鋼鐵和水泥都難以阻擋。如果你看過美劇《核爆家園》，就會發現那些一線消防人員就是死於這種看不見的射線。

宇宙中存在中子星或者黑洞這樣的超緻密天體，當它們兩兩相撞時，便會發生 γ 射線暴，這種爆炸超過超新星上百倍。1997 年監測到的一次 γ 射線暴，50 秒內便釋放出銀河系200 年的總輻射能量。除了宇宙大爆炸本身，γ 射線暴是最強烈的爆炸。

　　超新星爆發時，能量呈球形朝四面八方散發。γ射線暴發生時，射線流只從天體兩極出發。由於超緻密天體本身就很小，直徑可能只有數百到 1,000 多公里。所以，這種能量高度集中的射線流會像探照燈一樣掃過宇宙。

　　在直徑 930 億光年的宇宙中，到處都在發生這種撞擊。1967 年，美國衛星第一次在太空監測到 γ 射線暴，從那以後，人類經常監測到 γ 射線暴。不過，它們都發生在幾十億到上百億光年外，不會影響我們的生活。然而據估計，每隔 500 萬年，就會發生一次近距離的足以殺死大量生命的 γ 射線暴。

　　γ 射線暴短至零點幾秒，長則數小時。一旦發生，γ 射線便以光速前進，所以人類肉眼看不到 γ 射線，也對這種災難無法預警。γ 射線暴發生時，空氣中的氧和氮大量化合，形成二氧化氮，天空會突然變成棕褐色，在地表和淺海裡，所有生命的 DNA 都被打斷，細胞不再正常運轉，我們身體內的器官會在十幾個小時內因衰竭而死亡。

　　如果是更近的 γ 射線暴，會吹飛高層大氣，引燃植物，導致大火焚燒地面。江河湖海被 γ 射線蒸發，水汽遮天蔽日，過一段時間，水汽會重新凝雲降雨，澆滅地面上的烈火。當一切無生命物質按照物理規律恢復如常後，只留下一片死寂的陸地。

　　即使有如此多的次生災難，海洋深處仍然會有生命存活

下來。不過，它們只能是低等生命，再經歷幾億年，才能進化到智慧生命，前提是這個進程不會被另一次γ射線暴打斷。

回到最初的「費米悖論」，不少科學家認為，頻繁出現的γ射線暴隨機掃過任意方向，襲擊過 90％ 的宜居行星，不斷把它們格式化，將生命進化過程歸零。尤其在銀河系中央區域，由於γ射線暴十分頻繁，可能完全沒有生命存在。太陽系距離銀河中心約 3 萬光年，才有幸躲開γ射線暴這種災難。

很有可能，人類是周圍幾百光年內逃脫如此酷刑的唯一智慧種族。幸運的是，γ射線暴的釋放路徑非常狹窄，即使掃中地球，也可能放過金星或者火星，人類可以提前打造出備份的新世界。

06 ▶ 逼近死亡週期

除了近距離的超新星和γ射線流，地球本身就存在著平均 2,600 萬年的死亡週期，這個假說正在被古生物學家所證實。

每隔 2,600 萬年，地球上的生命便會大面積死亡。要注意，大面積死亡和生物大滅絕還不是同一個概念。一種生物如果存量大規模下降，就說明它正在大面積死亡，但只有這種生物百分之百死亡，它才會徹底滅絕，只要留下百分之幾，這種生物都有可能死灰復燃。

　　當然，生物大滅絕也就是大面積死亡，但是在兩次大滅絕之間，還會發生不那麼徹底但也是災難性的死亡。地球歷史上出現過五次生物大滅絕，平均週期為 6,500 萬年，但是死亡週期卻短了將近一半。就拿恐龍滅絕到現在這段時間來說，3,500 萬年前也發生過一次天體撞擊，導致了生物大面積死亡。

　　天文學家推測，地球死亡週期與太陽系繞銀河的公轉有關。不僅地球在繞太陽公轉，太陽也帶著孩子們，圍繞銀河系中心以 2.5 億年為週期公轉。在這期間，太陽並非只是在一個平面裡旋轉，而是時上時下，每隔 2,600 萬年，太陽都會運行到離銀盤平面最遠的地方。

　　走到這裡，周圍星系減少，宇宙中的引力攝動干擾太陽系週邊的歐特雲，大量小天體飛進內太陽系，轟擊各大行星。由於遮罩減少，大量宇宙輻射也會長驅直入，危害地球。

　　有的讀者會問，太陽已經繞銀河系旋轉了 45 億年，為什麼第一次生物大滅絕到 4.4 億年前才發生？原因是生命自從形成後，在漫長的 20 多億年時間裡都是單細胞生物。直到 6 億年前寒武紀大爆發，才出現繁榮的多細胞生物，大滅絕也是從那時才開始出現。至於單細胞生物，一來容易存活，二來它們的增與減並不明顯。

　　另外的讀者會問，無論是近距離超新星爆發，還是進入銀河系死亡區域，地球尚且不能保護我們，離開地球又有什麼用？

答案是，如果我們離開地球，住進小型人造天體當中，一旦這類災難再度降臨，人類就有足夠的能力保護人造小天體，比如升起強磁場。今天的人類已經製造出比地磁強大百萬倍的人造磁場，在將來足夠保護太空城。但是，人類就是到了未來，恐怕也沒有能力保護整個地球。

更有讀者會問，你羅列的這些全球災難，少則數百年，多則數百萬年才會發生，我為什麼要操這些心？

這個問題問到了關鍵，它已經不能用科技知識來回答。是的，這些災難不大可能在 21 世紀發生，但是無論什麼時候發生，離開地球，建設備份生存空間，都是人類最好的解決方案。

既然人類早晚要離開地球，為什麼不是現在？

07 ▶ 資源極限

2019 年，沃爾瑪是美國營業額最大的公司，全年營業額相當於 1960 年美國的 GDP 總值。

「我們是在使用子孫後代的資源，為他們留點資源吧！」

幾十年間，我已經看過不下幾百篇文章在闡述這個觀點。結合上面兩個例子，這種理論看上去很有道理，仔細一想卻經不起推敲。我們得為後代保留資源，他們要不要也為他們的後代保留資源？

如果我們節衣縮食，而他們能夠盡情揮霍，這顯然不太

對勁。但如果他們也要為後代保留這些資源，那我們又何談是在為他們節省？照此邏輯，完全不用這些資源不是更好？

這種觀點來自 1972 年斯德哥爾摩的人類環境會議，與會各方喊出了一個響亮的口號 —— 我們只有一個地球！當時，工業化國家只有不到 10 億人，地球上的某些資源，比如海洋魚類，已經出現了枯竭。如果全人類都把資源消耗水準提高到西方程度，一個地球哪裡夠用？

科學技術在發展中，一次次把資源崩潰的前景推到未來，但只要人類還困在地球上，資源危機總會到來。在資源危機全面降臨前，人類就會承受發展停滯、經濟緊縮的痛苦。

工業革命後，人類在發展中生活了 200 多年。只要出現停滯，就會導致社會動盪，但一再這樣發展下去，我們早晚會面臨地球資源的極限。如今每年的資源消耗已經是工業革命前的 700 倍，按照卡爾達肖夫的理論，再增加 270 倍，我們將控制全地球的能源。反過來也就是說，不遠的將來，整個地球資源都為人類服務，也才勉強夠用。

然而，以後的日子怎麼辦？解決方案只有一個，資源危機爆發之前，我們先咬斷自己的臍帶，成為宇宙人。

如果把地球當作母親，人類這個胎兒目前正遭遇著難產。母親懷胎一兩個月，她的行動不受影響。可是，經歷過 5 次流產的地球現在又懷到了 10 個月，胎兒卻遲遲不降生，反而在子宮裡越長越大。

這才是問題的所在！

好在，永遠有人在舊的資源危機發生之前找到新資源。我一出生就能用電，能坐車，這都是因為在我出生前，已經有人發明出電力和內燃機。如果我們真想為子孫後代做些事，那就努力升級今天的技術，早日掙脫重力約束，成為自由的宇宙民族。

面對隱約可見的資源斷崖，很多人覺得應該讓科技和工業踩剎車，我卻覺得更應該踩油門，好讓我們一飛沖天，不再折磨地球！

08 ▶ 全係一盤棋

拉力和推力都已經介紹，宇宙開發值得當成使命來執行，下面是否就要講具體開發的步驟？且慢，我們還需要討論一下，這場大開發應該貫徹什麼樣的指引。

美國科幻作家海萊恩寫過一部暢銷書，名叫《怒月》。小說中，人類移民建立成月球社會，然後反叛地球，要求獨立。

顯然，這跟美國的移民歷史很相似，類似題材的太空劇相當多，美劇《太空無垠》仍然使用這種設定。故事裡面，人類在太陽系裡分幫分派，各據片區，彼此開戰。

美洲先被殖民，然後再爭取獨立，這是近代史上的重要篇章。發生這種現象，一個主要原因就是當年以小農經濟為主，每個地方都能自給自足。遠遠地來一幫人收稅，不反哺

當地，很容易激起地方人民的反感。

反之，蘇聯解體後，分裂出來的國家幾乎沒有哪一個能發展得更好，這是因為已經進入工業時代，各地區之間形成了穩定的工業供應鏈，一旦打破，惡果立現。

未來的太陽系社會更像後者，而不像前者。除了地球，太陽系無一處能夠自給自足。太陽系各處各有某些突出的資源，也會嚴重缺乏某些資源，每個地方都和其他地方充分互補。並且，地球在相當長時間裡，都是宇宙開發的總後勤部，可以提供人才、技術和物資。

這種資源分布情況，客觀上讓太空移民比地球上的祖先更懂得合作。整個太陽系開發是盤統一的棋，開發每個地方，都要想好能為其他地方做什麼貢獻。

另外，戰爭的基本前提是資源危機。進入太空後，只有最初一段時間，移民們過得比地球上艱苦。前幾個階段完成後，太空移民的人均資源會遠遠超過地球親戚。有些討論宇宙開發的文章大談太空立法，其實很可笑。人類會爭搶比地球多 10 萬倍的水，或者多 100 萬億倍的能量？

宇宙開發會終結一切戰爭，而不是讓戰爭在宇宙背景下升級，能看到這樣的前景，才算真正有想像力。

回顧過去，為什麼人類從 1.2 萬年前學會種地，到西元 1750 年才開始工業革命？為什麼從那時起又經歷 300 年，才開始資訊化生活？因為這兩個過程沒有人事先做整體規劃，當年

那些開荒的農民，或者投資實業的商人，都是走一步看一步。

假設我們有時光機，派歷史學家回到過去，從小亞細亞地區最早的那群農民開始，教他們種什麼莊稼，養什麼牲畜，如何築城，如何修路，怎樣紡織，或許會把發展時間壓縮到幾千年內，西元前人類就能進入工業社會。

我們不可能影響歷史，但可以影響未來。從最近的小行星到遙遠的歐特雲，這場偉大征途不亞於文明再生。後人一步步走向太陽系邊際，可能要花幾百上千年，或者十幾代人到幾十代人。幸好我們已經有足夠的知識，為它做出整體規劃。

09 ▶ 替未來鋪臺階

開發太空，我們要做很多事，但是，每項技術任務的設定不僅要以自身為目標，也要為下一個目標奠定基礎，我們可以把它稱為築階原則。

世界各國國慶日都是國家建立的日子，只有西班牙將 10 月 12 日定為國慶日，以紀念 1492 年的這一天，哥倫布遠航到達美洲。

在同一年的 1 月 2 日，西班牙軍隊攻陷摩爾人的首都格拉納達，實現了全國統一，似乎這一天更有資格成為西班牙的國慶日。發現美洲後，西班牙雖然在當地建立起不少殖民地，但 1900 年以前就都喪失了。

所以，這是個與國土無關的國慶日，因為歷史上再沒有

哪個時刻比這一天對西班牙的國運改變更多。鼎盛時期，西班牙從美洲開採的貴金屬占全球83％，憑此成為第一個日不落帝國。

但是，他們選擇了把金銀帶回本土，肆意揮霍，而不是把本土菁英和技術輸往南美，對新天地深入開發，結果不僅爭奪世界霸權失敗，在美洲也失去了所有殖民地。

英國作為第二個日不落帝國，仍然重蹈覆轍，他們失去了最有希望的殖民地，也就是後來的美國。原因也是把太多當地資源輸往本土，而不是派來人力物力，對當地深度開發。如果現在的英國仍然控制著美國，那它仍然會坐在全球頭把交椅之上。

現在的種種宇宙開發計畫，多少也受這類小農意識支配。有人想把近地空間太陽能傳輸到地面，有人想把月球上的氦-3搬回來，有人想將小行星金屬運回來。諸如此類，不一而足。

不，人類在太空中做的每件事，都要為更遠的征程打基礎。我們不是要搬回什麼，我們是要把自己搬出去！

只有理解這個原則，才能明白後面的內容。

10 ▶ 先生產，後生活

先生產，後生活，這是人類工業化以後的普遍規律，很多現代化城市最初只是工廠聚集地，工業發展了，人口聚集了，其他社會生活水準才能提高。無論是英國的曼徹斯特、

里茲，德國的魯爾，最初都是工業基地。

太空開發的規律也差不多，無論分析哪個開發目標，都要先考慮那裡能形成哪些具規模的工業產出，然後再考慮人類怎麼在當地定居。甚至，有些開發目標可能永遠不會成為定居點，比如一顆金屬小行星，或者木星大氣層，但那也沒什麼。誰會定居在某個海洋鑽井平臺上？產出才是第一位的目標。

拿這個原則去考察就會發現，目前不少有關太空移民的設想非常可笑。比如，火星早早成為太空移民的首選，大家反覆討論如何在那裡建設定居點，卻沒有誰分析過，火星有什麼我們迫切需要的資源。

實際上，單以資源而論，火星在太陽系諸天體裡排不進前五名。是的，有赤鐵礦，但是那不過是工業革命時代的老資源，未來地球上的鋼鐵消費量都會下降，何況火星。

而沒有重要資源，我們為什麼要執著於火星？僅僅因為它在科幻作品裡經常出現嗎？甚至有科學家指出，從科研價值上看，降落火星都不如考察火衛一或者火衛二。

西元 1492 年，哥倫布船隊到達了美洲，這是地理上的偉大發現。然而，西班牙國王資助他遠航，可不是為了從事科學研究，而是為了打通與亞洲的航路，總之，這趟航程是要賺錢的。

哥倫布直到死去，也沒從美洲帶回財富。他後來又航行了幾次，都只是投入，沒有產出，其他歐洲人也是一樣，乘

興而去，空手而歸。當時的美洲不是亞洲，開發程度很低。直到 60 多年後，西班牙才第一次從美洲殖民地上拿到稅金。

如果當年有人告訴歐洲的農民，你們到了美洲，不僅要帶上牛羊，還要帶上夠它們一輩子吃的草料，相信肯定沒人去移民。在歷史上，移民只攜帶種子和牲畜，其他資源都從當地獲得。

太空開發也是一樣。如果從 1961 年加加林升空開始算到今天，已經過去 60 年。人類還要帶著氧氣、水和糧食升空，並且早晚要返回地面。除了地球，太陽系裡再沒有宜居地。不管到哪，都只有幾項，甚至只有一項資源優勢，但只要有一項資源，當地就擁有與其他地方交易產品的前景，人類也會朝著那裡進發。

前提是我們先發展工業，再去生活。

第三章
Made In Space!

　　太空早就有實用價值，然而直到今天，人類從太空中收到的「產品」只有一種，那就是各種訊號，它們或者來自科研儀器的觀測，或者來自通訊衛星的轉播。我們還沒能從太空中帶回一個零件，一塊金屬，甚至一粒米。

　　文明再高級，也要以實物生產為本。如果不能在太空中興建一套新工業，宇航就永遠是靠地球供養的奢侈品。好在，這一天已經為時不遠。

01 ▶ 能源為本

　　宇航界有個遠大理想，叫作「Made In Space」，也就是「太空製造」，利用太空中零重力、超低溫、無塵等有利條件，製造出地面上無法製造或者難以製造出的產品，包括泡沫金屬、理想晶體、超級軸承、高純度藥品等。

　　至於那些地面上能夠生產的普通產品，也有必要在太空中生產替代品，包括金屬、建築陶瓷或者玻璃。無論是為了減少運費，還是為了減少對地球資源的消耗，都需要在宇宙中建立完整的工業體系。

　　然而，任何工業的基礎都是能源。宇航事業發展到今天，只有 500 多人進入太空。如果用他們做分母，去除各國花在這方面的總能耗，太空作業的人均能源消耗遠高於地面。當然，以後發射頻率增加，平均能耗會下降，但是怎麼都會遠遠高於地面上的人均能耗。

　　宇航專家設想過無數宏偉遠景，從製造太空城，到改造火星，甚至向比鄰星派出光子飛船，光靠地球能源，它們哪個都不能實現。就像原始社會造不出火車一樣，這中間存在好幾個能源臺階的差距。

　　在沒有黑夜和雲層遮掩的宇宙空間，同樣面積的光電材料能接受到 3 倍以上的太陽能，是的，它就是最方便的太空能源。現在，國際太空站理論上最大發電能力約每小時 120 千瓦，論功率和小轎車差不多，只能支持科研和生活，未來

的衛星太陽能電站會把這個數字提高成百上千倍。

　　如今，最先進的光伏技術可以將光電轉換效率提高到24%，自動化技術能讓衛星太陽能電站完全智慧化，不需要太空人操作。材料科學的進步使得太陽能電池板變得很輕，能被捲成很小的體積發射上太空，當然，它的表面積必須很大，才能接受足夠的陽光。

　　在太空中架設電線是不可能的，所以人們設想把這些電力用微波發射裝置輸往地球。這樣一來，地面也需要建造面積很大的接收設備。其實，這和西班牙人往本土運白銀的思路差不多。如果他們用美洲的白銀開發美洲，現在可能還是第一強國。

　　在地面上建設微波接收站，還不如建一座第四代核電站更經濟，太空中獲得的電力應該用於太空工廠和太空農場的能源。微波傳輸仍然適用，只不過目標改為從太空太陽能電站輸往附近的空間工廠。

　　由於一直想把太空電力輸往地球，人們稱這項技術為「衛星太陽能電站」，原因是要把它們放在地球軌道上。本書把它叫作「太空太陽能電站」，意思是這些太陽能電站可以設置在太空各處，以貼近空間生產場所為宗旨。

　　在影片《電流大戰》中，觀眾會看到愛迪生與威斯汀豪斯圍繞直流電和交流電鬥法，結局是交流電獲勝，成為今天的主流輸電形式。有趣的是，在進入太空後最初一段時間，

直流電會重新成為主流。

交流電需要有一家電廠為核心,透過電網向四面八方輸送電力。未來無論是自己用太陽能發電,還是接受太空太陽能電站的微波輸電,未來的太空生產場所都使用小型分散式電源,直流電重新占有優勢,現在國際太空站裡面就是直流電。

02 ▶ 超導顯神威

超導是指某種材料在某一溫度下電阻為零的狀態。當然,電阻不可能完全消失,一般把電阻測量值小於 10^{-25} 歐姆視為超導狀態。

各種材料進入超導狀態的溫度不同,但都遠遠低於室溫。目前雖然有常溫超導材料研發成功,但是難以形成工業化生產。以規模而論,還只能運用大量低溫超導材料,這樣一來,就必須先花費大量能源製造超低溫環境,這就是超導技術光開花、難結果的原因。

然而,有了太空這個天然冷源,超導技術就能大行其道。超導體能匯集起強大電流,這是它的基本優勢。在太空中,磁懸浮不再是超導的主戰場,人類轉而使用各種強電流裝置,比如製造大型磁體,進而在太空城市外形成人工磁場,遮罩宇宙高能射線。

人類不僅計劃將超導技術大規模運用於太空工業,還希

望它在航太發射方面發揮重大作用。化學火箭能源轉化率低下，導致發射費用高昂，以超導技術為主建設電磁炮發射裝置，可以大大降低發射成本。

　　美國太空總署高級概念研究所提出過一種設想，在山體裡建設長 3 公里、仰角 60 度的軌道，放置磁懸浮導向槽，其上裝置運載滑車，將超導磁體置於滑車底部，將需要發射的物品放到這個車裡。發射時，超導磁體與導向槽上的導電板發生作用，但是兩者間沒有接觸，不產生摩擦力，能達到 30 倍的重力加速度。等滑車到達軌道頂點時，有效載荷被釋放，高速飛向太空，運載滑車則返回起點，開始另一次發射。為減小摩擦力，整個加速器封閉在由氦氣填充的管道裡。

　　超導電磁發射並非一步到位，它發射的是小型運載火箭，有機翼，類似太空梭。運載火箭被彈射到天空後仍然要點火，才能達到逃逸速度，進入太空，返回時可以像太空梭那樣返回。

　　在這裡，超導電磁系統實際上取代了傳統火箭的第一級。通常這部分的質量就超過整個火箭質量的一半，但只能把火箭加速到超音速。超導電磁軌道用電力代替化學能，大大節省了能源。像水、食物、推進劑、金屬材料等補給物，都可以用超導電磁軌道發射。

03 ▶ 在宇宙中冶金

「冶金」這項工業技術也能在太空中進行嗎？

地面上的冶金除了高爐本身，旁邊還保留著一條數百公尺長的傳送帶，高爐作業時，它負責把焦炭送入爐體。把周圍輔助設備都算進去，占地十分廣，達到數個足球場的面積都有可能。如果要在宇宙中冶金，是否要把它們都發射上去？

當然不用，與地面冶金相比，太空冶金可以算是繡花一樣的工作。

地面上有空氣對流，燃料在冶煉時發出的熱量，很大一部分在對流中浪費掉。爐前技術員因為大量出汗，甚至要喝鹽汽水補充水分，而在零重力環境中冶煉，原料只會透過輻射向外部發熱，節省了大量能源。

其實，地面上的冶金行業也普遍用上了電爐，它升溫快，開機後十幾分鐘就能達到工作溫度，它的保溫性能也很好，由於散熱而浪費的能量遠小於高爐，熱效率極高。而且，電爐容量大可到幾十噸，小的才幾公斤，可謂機動靈活。

地面冶金仍在使用龐大的設備，一個重要原因就是金屬需求太大，每年全球各種金屬消費加起來至少要十幾億噸。太空冶金的供應對象就是太空工業本身，除了極少數地面無法冶煉的特種合金，基本不需要把產品運回地面。所以，最初的年需求可能只有幾噸到幾十噸。後期會逐步增加，太空

冶煉的產能也會隨之提升。

即使在地面上，電爐從各方面看都是更好的冶金設備，但是耗電量很大。將一噸原料加熱至 1,100 攝氏度，需要用 360 度電。然而如前所述，太空中的電力便宜得像是不要錢，由於不用製冷就能大量使用超導線路，更可以集中強大電力於工業設備。

冶煉合金時，比重差異較大的金屬在地面上很難混合，比如鋁和鉛。熔點差異較大的金屬也很難混合，比如鋁和鎢。由於這些原因，至少有 400 多種合金不能在地面環境裡製造。進入太空，這些都不再是問題，人們已經在太空中試製出了鋁鎢合金與鋁鉛合金。

在太空冶金還有個便利條件，就是天然的超真空環境。在地面上冶金，必須防止原料被氧化，有時需要向爐內填入氬氣，有時需要抽真空，總之都是費料費時，太空直接提供了真空環境。

當然，有利必然有弊。零重力冶煉由於沒有對流，廢熱遲遲無法散去。所以，散熱是太空冶金的頭號難題。這個難題先留下來，有待後面解決。

科學家早就發現了太空冶煉。早在阿波羅飛船登月時，就攜帶著小型電爐，順便進行太空冶煉實驗。從 1970 年代開始，無論是蘇聯的太空站，日本的衛星，還是美國的太空梭，都曾經攜帶小型電爐上太空做冶煉實驗。

太空冶金的原料不用從地面發射，成品也不必送回地面，它將是一門自給自足的新工業。

04 ▶ 小型製造技術

有了金屬原料後怎麼辦？在太空中車銑刨磨？當然不行。

傳統工藝裡面，人們從礦石中冶煉出材料，從材料中切削出元件，物質總量一點點減少。人類每年消耗各種自然物質 4,000 多億噸，只能製造出約 40 億噸成品，99%的原料都變成了廢料。這麼奢侈的工藝，在太空中完全行不通。

相反，3D 列印將材料一點點增添到成品中，一臺小機器就可以辦大事。還有一種工藝，是用雷射或者離子束深入材料中間，直接把它們切割為成品。所有這些都可稱之為小型製造技術，由於需要電腦來指揮，這些技術直到 1990 年代才發展起來。

展望太空工業，前期由於發射能力有限，在很長時間裡，太空工廠內部空間都會十分狹窄，必須用小巧的機器加工材料，還要盡可能不產生廢料，候選者就是這些繡花式的小型製造技術。另外，機器從一開始就由電腦指揮，減少人工，這在太空工業中也是個巨大優勢。

太空中的 3D 列印與地面有很多不同。要在零重力環境中做 3D 列印，粉末材料易飛散，液態材料會聚成球體。即使噴射到位，材料也不會像在地面上那樣自然沉積成型。所

以，還要用離心機製造出離心力代替重力。相比之下，3D 列印在小行星、月球和火星這些低重力環境下更有用武之地。

除了零重力，太空還是真空環境，而在地面上，3D 列印都在空氣中進行。最近，美國太空製造公司已經研發出升級版印表機，在地面真空艙裡進行了實驗。太空列印材料有限，繫繩無限公司還發明出利用太空站廢料進行列印的新設備。

月壤是一種理想的列印材料。在地球上，人們已經能用 3D 列印技術製造出小型房屋。最早的月球基地很可能出自 3D 印表機，而不是從地球上製造房屋部件，帶到月球上組裝。

目前，3D 列印已經大量用於各種太空飛行器零部件的製造，並且大多使用鈦合金、鋁合金等材料。像火箭引擎的燃燒室、推力室、噴嘴和渦輪之類部件，已經開始有人試驗用 3D 列印來製造。當然，它們都還是在地面上製造。但是，太空飛行器上 3D 列印的部件越多，將來在太空中用列印部件進行替換維修的可能性也就越大。

2014 年，美國就向國際太空站送去了太空 3D 印表機，實驗性地列印專用零部件。2019 年，俄國太空人甚至用生物材料列印出老鼠甲狀腺。2020 年 5 月，中國的「複合材料空間 3D 印表機」也搭載載人飛船試驗船，完成了世界首次太空中的碳纖維連續列印實驗。

　　3D 列印發明多年，一直華而不實，難以推廣，原因在於成本太高，無法與傳統工藝競爭。然而在太空中製造成品，成本再高，也低於從地面輸送成品。價格優勢使得航太大國普遍重視發展這些小型製造術。

　　在地面上做 3D 列印，最常用的是各種纖維材料。太空中沒有這種材料，需要地面提供。當人類能從太空中大量開發金屬材料後，使用金屬粉末的 3D 列印將會大行其道。

05 ▶ 機器人大舞臺

　　看完科幻片《絕地救援》，有好事者計算了一下，為了將馬克從火星救回地球，美中兩國航天局究竟花了多少錢？答案是幾百億美元！

　　再聯想到類似題材的科幻片《地心引力》，我們會得出一個答案，把活人送到太空中進行各種作業非常不經濟。相反，太空是機器人技術的大舞臺。

　　把「robot」翻譯成「機器人」，其實是個嚴重的誤譯，會導致人們以為只有外形像人的「robot」才是機器人。其實，商場裡出現的那些機器人服務員只是這類技術中很小的一種應用，而且缺乏技術含量。

　　「robot」的正確含義應該是「行為模擬器」，就是模擬各種動物行為的機器。比如軟體機器人模擬蛇類運動，可以鑽進狹小空間裡工作，帶翅膀的微型機器人可以模擬昆蟲

飛行。

人也是動物，當然在「robot」的模擬範圍內，不過通常是只模擬人類的某個行為。最常見的機械手臂，就是只模擬人類上肢的運動。

機器人的智慧水準也有高低。有些機器人要靠人類遠端操作，比如無人機或者深潛器。工廠裡生產線上的機器人不用遠端操作，但是工作環境單一，不用應付突發事件。最高級的機器人要在複雜環境裡自主判斷變化，並採取行動。

如今，航太領域大量運用機器人，來自機器人行業的研發團隊做了很多貢獻。比如能在軌道上收集太空垃圾的「遨龍一號」，就由哈爾濱工業大學研發，那是國內機器人行業的老品牌。「玉兔號」上的機械臂操作精度達到幾公釐，就是一臺可以在地面遙控的機器人。

由於距離遙遠，光速帶來延時，深空飛船只能按程式自主行動，各種金星、火星的探測器就是如此。「航海家 1 號」遠在 200 億公里之外，基本上靠自動控制。不過，它們的太空環境相對穩定，不會遇上突發情況，像捕捉小行星、對付金星大氣、克服木星風暴這些任務，都會遇到以秒來計算的突發事件，這就迫切需要非遙控的高智慧型機器人。

美國的「黎明號」飛船探測灶神星時，控制飛行的動量輪損壞了一個。電腦判斷情況後，關閉了所有動量輪，保證飛船順利離開了灶神星。這是在無人遙控的前提下，電腦首

次主動調整飛船操作步驟。故障訊號傳回地面後，專家們也認為這個措施非常合理。

在地面上使用工業機器人，很多人擔心會搶走勞工的飯碗，但在危險的外太空，機器人絕對是人類的好幫手。太空環境不宜生存，更不用說操作，機器人會降低類似《絕地救援》那種事故的發生概率。

太空開發中的機器人大體執行三種任務。一是先導型任務，為人類鋪路。比如用自動 3D 印表機建成居室，供人類太空人居住。二是配合型任務，由太空人操作機器人來完成，比如捕捉小行星。三是替代型任務，在人類不宜進入的環境中完成。比如在木星上開發氣體資源，那裡的重力高於地球，人類無法活動，在採氣站工作的就是智慧型機器人。

06 ▶ 太空農場

人類發射到太空的第一種生物既不是人，也不是著名的小狗萊卡，而是菌株。1946 年 7 月 9 日，美國用 V-2 火箭把菌株帶到 134 公里處，飛越了 100 公里的卡門線，算是進入了太空。

從那以後，人類一直利用太空中的強輻射培育良種，用返回式飛船回收，再在地面上培養。

不過，人們還希望直接在太空中發展農業。這個夢想開始於 1977 年，蘇聯在「禮炮 6 號」太空站上培養了鬱金香。

後來，洋蔥、蘭花等植物也紛紛在太空中生長。2015 年，國際太空站的太空人吃到了自己培養的生菜，這很小的一口菜，是人類的一大進步，也是未來太空農業發展的里程碑。

中國將蠶帶到「天宮二號」上飼養，並讓牠們吐絲結繭，甚至化蛹為蛾，產下第二代。2019 年，搭載於「嫦娥四號」上的棉花種子開始發芽，成為人類在其他天體上培養出的第一株植物。

當然，動植物培養還不能與大規模的農場相比，後者目前只能在地面上進行，其中最著名的要數「生物圈二號」。1987 年，美國洛克斐勒公司發起了這個項目，打造出封閉的人工生態循環系統。

「生物圈二號」位於亞利桑那州的一處沙漠，這個系統有 1.2 萬平方公尺，裡面設置 7 個生態區，生活著 4,000 多種植物和一些動物。8 名實驗人員連續居住了 21 個月，後來，實驗人員又在裡面居住了 10 個月。在此期間，實驗人員完全食用封閉空間裡出產的食物。

「生物圈二號」試圖模擬未來太空中的封閉人造環境，不過據介紹，密封並沒有達到太空站水準，「生物圈二號」仍然與周圍環境有物質交換，實驗中也會向裡面輸入必需品。所以，它有強烈的象徵意義，但實驗條件並不是很嚴格。

相對而言，2012 年中國的「受控生態生命保障系統集成

實驗」要嚴格得多。54 平方公尺的環境完全按照太空站標準密封，其中有 36 平方公尺用於培養植物。兩名實驗人員在裡面居住 30 天，吃的主要是包裝食品，以培養出來的蔬菜為輔助食品。

　　大規模建設太空工廠，從地球上運送食物會變得很不經濟。長期吃不到新鮮食品又影響人體健康。因此，大型太空生活圈必須要配備農場。植物還能吸收由體內呼出的二氧化碳，形成良性物質循環。甚至可以在農場裡飼養小動物，解決缺少蛋白質攝入的問題。

　　不過，由於植物不足，太空動物主要以高蛋白昆蟲為主。最近人造肉技術得到發展，人們從動物身體上取出肌肉細胞，在人工環境下培養成人造肌肉。還有一種「單細胞蛋白質」，由微生物生產，可以視為人造蘑菇，蛋白質含量高達 80%。初期太空農業可能主要提供這些稀奇古怪的「肉製品」。

　　其實，太空種植與地面種植相比有很多優勢。位於近地空間，植物可以全天候吸收陽光。太空農場使用無土栽培，農作物生長在墊板上，只要留出足夠間距，不妨礙它們吸收陽光。地面上有鳥、蟲和微生物危害農作物，有雜草爭奪營養，太空農業則不會存在這些問題。

　　當然，在近地空間或者月球上建農場，也有明顯的劣勢，就是缺少二氧化碳和水，這個問題留待下面來解決。

07 ▶ 製藥可能是第一步

人類距離在太空中自給自足的目標還很遙遠,太空回收能力又非常小。所以,某種需要原料少,設備重量小,價值又非常高的產品,可能成為太空工業的第一步,那就是製藥!

在無重力環境裡,培養液中的細胞不會沉降到容器底部,能夠懸浮起來,吸收更多的營養。因此,太空是培養生物製劑的優良環境,比如大家都在關心的疫苗,就很適合在太空中生產。

太空中可以使用電泳技術,通電後,質量和電荷比值不同的粒子會分離,這是一種高效率的分離提純技術。因為在地面上,粒子受重力和對流的影響,分離後很快又發生混合,所以,電泳技術提出很久,卻遲遲不能運用。

但是在零重力環境中,這兩個問題就不復存在。人們可以分離細胞與蛋白質,比如從腎細胞中分離出尿激素,這種物質可以溶解血栓,治療凝血症。心臟病、中風和靜脈血栓栓塞症,共同的發病機制都是血栓,可見這種藥物的價值。

在太空製備尿激素,效率是地面的 10 倍,在太空中從血漿裡分離蛋白,效率是地面的 700 倍!

地面上受重力影響,很難生成又大又純的蛋白質晶體,而在治療癌症、糖尿病、肺氣腫、免疫失調等疾病時,生產對症藥物都需要生成這樣的晶體。最有價值的目標是通用流感藥物,可以對付各種流感,日本橫濱國立大學的科學家已

經在國際太空站搭載設備，研製這種藥物，日本還以北海道大學為首，成立「宇宙創藥協議會」，專攻太空製藥。

生物製藥很有可能是第一種能在太空中進行規模生產的工業製品。當然，最初生產的必然是地面上難以生產的稀缺藥物，據統計，有 48 種激素只能在零重力環境下生產，全球需要這些藥物的病人累計有 4,000 萬人。

接下來，那些能在地面生產，但是效率不高的藥物製作工藝，也會被搬上太空。以上述電泳技術為例，太空製藥效率是地面的數百倍，這種效率上的差異會彌補高昂的回收成本，讓太空製藥有利可圖。

沒有回收技術，就無法進行太空製藥。目前主要是透過太空育種，對一些藥用生物進行誘變，提高其有用成分。「神舟三號」甘露聚糖肽口服液是全球首款太空誘變後的藥物產品，當然，它的生產還要在地面上進行。

太空製藥的關鍵是回收產品。太空梭如果還在，一次能運回幾十噸載荷。如果是載運上述高附加值藥物，有望平衡發射成本。太空梭退役後，只有一次性的載人飛船往返於天地之間，它們的主要功能是往太空站送補給，每次除太空人之外，能帶回來的物品不足一噸，完全滿足不了貨運要求。

所以，如果要開始真正的太空製藥，必須恢復使用太空梭，或者研製出空天飛機。在這裡，我們又看到了宇宙開發的全域性，一種技術會為另一種技術提供基礎。

08 ▶ 宇宙工程彈

炸藥發明出來後，是用於殺人的場合多，還是用於建設的場合多？

由於戰爭場面令人觸目驚心，人們總傾向於前一個答案。其實，炸藥用於和平建設遠多於戰爭。中國在建設深圳機場時，為削平海邊小山進行的爆破，使用炸藥 1.4 萬噸，是人類工程史上規模最大的爆破。

1.4 萬噸有多少呢？二戰中日軍在所有戰場一年使用的炸藥也不過 6 萬多噸。

可以說，炸藥發明後主要用於服務人類，而不是殺死人類。下一個需要正名的可能就是氫彈，它是未來宇宙開發事業的重要工具。

氫彈是人類發明威力最大的爆炸物，人們也早就設想過它的工程用途。在電影《不見不散》中，葛優飾演的劉元說了一段臺詞，設想用氫彈在喜馬拉雅山炸開一道 50 公里寬的開口，把印度洋暖風引到青藏高原，變出很多魚米之鄉。這段臺詞不是編劇的原創，而是借用了當時的一個工程技術設想。

蘇聯也有人想用小型氫彈來發電，方法是在大山裡掏出岩石洞，裝滿鋰鹽，將小型氫彈在洞裡引爆，把鋰鹽變成氣體，導入汽輪機發電，等氣體冷卻下來後，再爆破另一顆氫彈，如此反覆不止。

　　當然，這些設想也就是想想，誰也不敢在地球上使用氫彈做建設，但在宇宙中使用氫彈，不會危害到任何人。反之，人類還需要進行很多天體級別的工程爆破，比如炸碎一顆衝向地球的小行星，不用氫彈，難道一艘飛船一艘飛船地去運普通炸藥？

　　理論上氫彈裝藥量無上限。蘇聯就能製造出當量一億噸的氫彈，因為找不到那麼大的實驗場，於是壓縮為 5,000 萬噸，並於 1961 年 10 月 30 日在新地島成功爆破。這次實驗也告訴軍事家，氫彈造得大沒有實用價值。於是，各國轉而壓縮當量，製造小、快、靈的核武器。

　　然而，如果要把氫彈用於太空建設，就要走完全相反的技術路徑，氫彈需要越造越大。比如，為了汽化火星極地的乾冰，或者提取穀神星內部的水，可以投放 10 億噸級的氫彈。

　　氫彈爆炸時，能量會以各種形式釋放出來。中子彈就是一種小型氫彈，爆炸時能量更多地以中子流形式釋放，殺死對方人員，減少對設備和建築的損壞，而在宇宙中進行工程爆破，則需要盡可能減少輻射，提高衝擊波。

　　核融合只有瞬間的中子輻射，不留長期汙染。如果全氮陰離子鹽技術發展成熟，代替裂變炸彈作為起爆劑，氫彈的放射性汙染可以減少到接近於零。

　　在後面的宇宙開發計畫中，你會多次看到氫彈的身影，請

允許我為它重新命個名，叫作「宇宙工程彈」。氫彈在現實中還沒有殺過人，未來可能也不會，它將會在太空中造福人類。

09 ▶ 在軌發射與太空維修

太空站在地球軌道上旋轉，受大氣摩擦，高度會不斷下降，所以要經常打開引擎，提升回更高的軌道。有些火星探測器要預先發射到地球軌道，伺機再變軌飛向火星。美國的「麥哲倫號」金星探測器，也是由太空梭送入地球軌道，再啟動自己的引擎，飛向目標。

這些都是在軌發射的雛形和預演。所謂在軌發射，就是把各種部件發射到近地空間，在那裡組裝成大型太空飛行器，再啟動飛向深空，它的難點不在於發射，而在於組裝。

人類之所以要在軌發射，是因為化學火箭推力大，但是比衝低。要一次發射幾百上千噸物體，就得使用幾萬噸推進劑，顯然，不可能製造那麼大的火箭。等離子體火箭比衝大，但是推力很小，無法克服地球重力。

所以，大型飛船只能採用在軌發射的辦法。載人登陸火星就是這樣，所需要的飛船總質量最少也得幾百噸，必須把部件分別發射，推進劑和給養這些物品也要分次送上去，一切在軌道上組裝完成後，再啟動火箭。

這個過程已經在《絕地救援》中有所體現，中國發射的無人補給艙與美國飛船對接後，再一起飛向火星。

　　未來第一批太空工廠的質量遠大於目前的太空站，普遍超過千噸，它們的位置可能在地球附近的幾個引力平衡點，都在幾十萬到上百萬公里遠，這些工廠都需要軌道組裝後再發射。

　　如今，精密設備只能在地球上製造，再發射入軌。然而，在軌發射不等於只是在地球軌道上發射。隨著太空工業的開展，到處都能製造飛船部件。人類可能會在月球軌道、木星軌道，或者小行星軌道上建造巨型飛船，再點火啟動，它們也屬於在軌發射。

　　這些巨型飛船進入目標天體的環繞軌道，也不能直接降落，只能由小型太空飛行器搭載人和物資下降到天體表面，本身仍然需要在軌道上發射。

　　到那時，地外天體之間的交通量會高於地球和太空之間。與地面發射相比，在軌發射更為頻繁。其中有些飛船，可能從頭到尾每個部件都在太空製造，它們從組裝出來以後，就只在不同天體軌道間運行，從不降落於任何天體表面。

　　1970 年 4 月發射的「阿波羅 13 號」在途中發生氧氣罐爆炸，太空人在地面指揮下進行搶修，返回地球，開始了太空維修的先聲。後來，蘇聯人搶修「禮炮號」太空站，美國人搶修哈伯望遠鏡，都是太空維修的著名案例。

　　任何設備都會老化，或者故障，維修和保養是工業生產中不可缺少的環節。早期，衛星飛船出了事，人類只能眼睜

睜看著它們消失在螢幕上，太空人甚至不能維修自己的太空衣。今後發展太空工業，有大量設備投入使用，維修工作必不可少。

　　與地球上不同的是，太空工業基地相隔很遠。這個在小行星，那個在月球。太空維修站需要與軌道發射場同處一地，以便維修人員頻繁使用交通飛船。所以，未來可能會出現集兩者功能於一身的綜合太空站。

10 ▶ 廠房在哪裡？

　　有設備還得有廠房，最接近它的當然是太空站，我們可以從它身上找到未來太空廠房的影子。

　　太空站不用考慮返回，所以結構簡單。現在的太空站完成使用壽命後，透過受控離軌，墜入「太空飛行器公墓」，也就是南太平洋中部的一片海域，沒有航線從那裡穿越，受控離軌的太空飛行器墜毀到那裡不會造成傷害。

　　國際太空站採用積木式結構，可以拼插新的構件，在這個基礎上一段段拼接出去，最終能獲得小型工廠的體積。

　　建造太空工廠的材料，最初還都要從地球發射，必須選擇高強度的輕質材料，奈米碳管或者石墨烯都是備選材料。優質石墨烯強度是鋼的上百倍，建造同樣的太空站，相當於減少百倍的發射質量。等這些材料能夠大規模生產，就可以考慮建造太空工廠。

　　在科幻片《極樂世界》裡，太空城被描述成高級居住區，僅供富人休閒和養老，這違反了先生產後生活的原則。太空工廠首先是生產與科研基地，許多年之內，只有科技人員才能去那裡工作和居住。

　　短期內，太空工廠可以像太空城那樣繞地球旋轉。長期看來，它需要建築在引力平衡點上，以方便從月球、小行星或者金星運輸物資。

　　引力平衡點是法國學者拉格朗日推導出的空間位置，一個物體到了這裡，接收到的兩大天體引力形成平衡，會長時間保留在原位。太空飛行器到達這些位置，只需微調就能與地球保持相對靜止的位置上。這些地方遠在地球陰影之外，光照充分，對科研和太空工業十分有利。

　　地球附近有地日引力平衡點，也有地月引力平衡點，以地日 L2 點為最佳。中國的「嫦娥二號」就從月球軌道出發，飛到 L2 點，停留 10 個月之久。中繼星「鵲橋」則飛到地月 L2 點，為降落在月球背面的「嫦娥四號」提供通訊服務。

　　早期的太空站很小，能用火箭一次性發射入軌。未來的太空工廠會比國際太空站還大，必須一段段發射上去，在太空中組裝起來，甚至要邊組裝，邊生產。

　　目前的太空站都使用剛性材料，內徑不可能大於運載火箭的直徑。隨著地面上氣膜建築技術的發展，人類可以製造

出密封性能好、體積又大的建築。美國畢格羅宇航公司便嘗試把這種技術引入太空，它就是一個充氣太空站，學名為「可擴展式活動模組」，發射時把它折疊在火箭裡，入軌後展開。

　　第一個實驗艙名叫 B330，意味著能獲得 330 立方公尺的空間。三個這樣的實驗艙，內部空間就相當於整座國際太空站，而價格卻相差近百倍！畢格羅宇航公司想用它開設太空旅館，不過，用來建造太空工廠，顯然更為迫切。

第四章
飛越卡門線

科幻片經常描繪億萬星辰的美景,講述人類在宇宙中開枝散葉的輝煌。然而萬事開頭難,如果不能把成千上萬噸物資送上太空,移民宇宙的那一天永遠不會到來。

所以,太空長征第一站發生在地面,那就是人類對地心引力的征服。今天,這個領域已經小有成果,但如果要在太空中建一座城,哪怕只有你家社區那麼大,今天這點發射能力還遠遠不夠。

怎麼辦?答案就在這一章裡面。

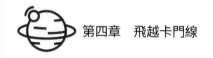

01 ▶ 沉重的鎖鏈

希奧多・馮・卡門，美國航太工程師，錢學森的師傅，曾經計算過航空器飛行的高度上限。他認為，如果飛機上升到 85 公里至 100 公里這個範圍時，必須遠遠超過第一宇宙速度才能獲得足夠的升力。果真如此，飛機也就成了飛船。所以，這個範圍是航空與航太的界限。

後來，國際航空聯盟就將海拔 100 公里定為大氣層與太空的分界線，並稱之為卡門線。

迄今為止，全球合計有 500 多個人飛越了卡門線。這個數量每年都會增加一些，但是把他們都聚集到一起，也坐不滿全球最大客機「空客 A380」，它有 800 多個座位！

非不為也，實不能也。開發太空需要綜合上萬種新技術，不過有一種技術卻是全部事業的基礎，那就是如何讓物體更容易地擺脫地心引力。

歷史上功率最大的火箭是美國的「土星五號」，能把 120 噸載荷送到地球軌道。如果換成鐵路運輸的話，不過才三個車廂。楊利偉成功升空，使用了 400 多噸推進劑。如果使用這麼多的汽油，能讓家用轎車行駛幾百萬公里。

2019 年，全球火箭發射 92 次，送上太空的物質總量不過數百噸，一艘內河駁船就能把它們全運走。俄羅斯「聯盟號」飛船送太空人去國際太空站，一個座位 8,000 萬美元。歐洲亞利安火箭每公斤發射費用為 1 萬美元。

人類向太空中發射的最重物體，是太空梭的軌道器，滿載時全重接近 100 噸。人類製造出的最大船舶是一艘名叫「諾克・耐維斯」的油輪，排水量達到 82.5 萬噸。即使把外貯箱和固體助推器都加上，太空梭的重量也不夠油輪的零頭。

　　與發射能力相比，如今衛星製造已經模組化、標準化。有些微納衛星只有盒子大小，成本才幾十萬元。

　　另外，對衛星的需求也在增加，「Space X 星鏈」工程計劃發射 1.2 萬顆衛星，以取代地面基站。如此看來，世界上大部分國家都有發射衛星的需求，而且不是一顆兩顆。

　　相比之下，火箭仍然要幾千萬美元一枚，這讓發射費用成為太空開發的瓶頸。受制於此，迄今為止，人類只能向太空發射儀器和實驗裝備，而不是製造設備。即使那些用於導航和通訊的衛星，本質上也只是小型儀器，大如國際太空站，不過是一個存放儀器的空間。

　　儘管「史普尼克號」衛星已經升空 60 多年，然而，唯有廉價發射技術才能讓穿越卡門線成為家常便飯。這裡的「廉價」，是指將單位重量的發射費用降到現在的百分之幾，接近飛機，如此才有望將工業鏈延伸到太空上。

　　儘管還沒有任何一種廉價宇航成為主流，至少下面幾種方式已經有了點眉目。

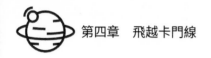

02 ▶ 回到太空梭

　　太空梭？別逗了，誰不知道，自從 2011 年 7 月 21 日「亞特蘭提斯號」返回美國甘迺迪太空中心，人類就告別了太空梭時代。除了進博物館，它們還能去哪裡？

　　確實，從具體原因來看，蘇聯解體和美國太空梭退役，讓人類航太事業失去了兩個最大的推動力。蘇聯解體的影響不用多講，沒錢就做不了航太，很多野心勃勃的計畫就此荒廢，太空梭退役又是怎麼回事呢？

　　想當年登月計畫大獲全勝之際，美國太空總署便開始籌劃太空梭，他們得說服國會議員撥鉅款，於是便告訴議員，讓普通人上太空，就是太空梭追求的目標。每架太空梭能重複使用 100 次，發射 1 公斤載荷只需要 200 美元。雖然比飛機還是貴了不少，但是比載人飛船便宜幾十倍！

　　事實上，太空梭在設計時處處考慮到普通人的需求。比如，將發射時的重力加速度限制在 3g 以下，返回時的重力加速度不超過 1.5g，這樣，沒接受過長期訓練的中老年人也能上太空。

　　如果目標全部實現，航太將會發展成常規產業。然而，美國一共製造出 5 架太空梭，加起來只飛行了 135 次，單位載荷的發射成本一點沒減少。反之，人類在宇航中因事故死亡 18 人，乘太空梭死亡的就有 14 人。不管它本身的技術前景怎麼樣，美國議員是不會再為它撥款了。

當年之所以製造太空梭，一個主要目標就是廉價發射。載人飛船都是一次性用品，降落後就只能進博物館。人們迫切需要能夠重複使用的載人太空飛行器。

而且，太空梭一次能送上去 29.5 噸有效載荷，還能帶回 19 噸物資，29.5 噸大於「天宮一號」的重量。在俄羅斯電影《太空搶險》中，美國人派出太空梭，試圖劫持蘇聯太空站。雖然這件事純屬虛構，但是存在著技術上的可能性。

如果要在太空中發展工業，不僅要把設備和原料送上去，還要帶回產品，太空梭是目前所有太空飛行器的首選。其實，它的中段是貨艙，可裝運太空飛行器，還有大型機械臂，這已經是一個工廠的雛形了。

加上蘇聯的「暴風雪號」，歷史上只出現過 6 架太空梭，但是每架的技術都有所提升。「暴風雪號」最晚誕生，在設計時還借鑑了「挑戰者號」的教訓，可以靠無人操作入軌，大大減少傷亡的可能。

走進舊貨店，看看 80 年代的冰箱彩電，會感覺到它們和今日家電的巨大差距。可是想一想，太空梭和它們同時代。儘管運用了當時最好的技術，但是無論材料、能源、電子還是通訊，每項技術在 30 多年裡都有長足進步。比如碳纖維，當年只能覆蓋太空梭軌道器的一部分，現在連一次性火箭上都在用，人們甚至可以製造出全碳太空梭。

失敗乃成功之母，每次發射太空梭的失敗，都變成以後

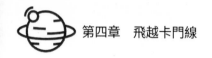

設計的借鑑。在空天飛機成功前，重啟太空梭是推動廉價航太的最好選擇。

03 ▶ 飛機發射平臺

　　用多級火箭發射太空飛行器，第一級往往超過總重量的一半，卻只能把火箭推舉到 1 萬多公尺的高空。如果用飛機完成這段航程，不就可以減少發射成本了嗎？即使載人飛船不可能用飛機來助力，百十公斤重的衛星至少存在這種可能。

　　1993 年，美國用改裝的 B52 轟炸機為巴西發射了一顆資源衛星，這次發射使用了專門研發的「飛馬座」火箭，它只有 15 公尺長，18 噸重，能吊在機翼下面，專用於飛機發射。B52 轟炸機上升到 1.2 萬公尺後拋下「飛馬座」，讓它自行啟動，進入太空。

　　這一炮打響後，飛機發射優勢盡顯，它可以在各種普通機場起飛，而不是把太空飛行器運到幾個固定的發射場上，它的準備時間遠遠短於傳統火箭發射，據說 6 名技術人員花兩個星期，就能安裝一枚「飛馬座」火箭。要知道在航太發射費用中，一群高技術人才的薪資占相當比例。

　　自從這次發射成功後，「飛馬座」已經完成了幾十次發射任務。早期失敗較多，現在成功率已經穩定上升，它的發射平臺已經從轟炸機改成三星客機，顯示了民用方面的潛力。

有了專用的火箭，下一步就是專用的飛機發射平臺。畢竟，傳統的轟炸機、運輸機或者客機，都不是為發射火箭設計的。於是，美國的「平流層發射系統」公司開始研製專用發射載機，代號「大鵬」。

　　這架飛機採用了獨特的雙機身設計，像是一個機翼上串著兩個機身，火箭會吊裝於兩個機身之間的機翼上。「大鵬」的翼展達到 115 公尺，尺寸超過運輸機「安 –225」，成為世界上最大的飛機，可以一次裝載三枚「飛馬座」或者它的升級版「金牛座」火箭，可以把衛星送入 3.6 萬公里的地球同步軌道。

　　2019 年 4 月 21 日，「大鵬」完成了不攜帶火箭的首次試航，大規模的飛機發射技術進入了新里程。

　　瑞士人也設計過一個複雜的飛機發射程式，用 A300 客機搭載一艘無人太空梭，在幾萬公尺高空把它釋放，等其自行入軌後再「吐出」一枚衛星，然後兩架飛機雙雙返回地面，沒有「大鵬」那麼誇張，但是也能降低發射成本。

　　細心的讀者會問，飛機發射再簡單，仍然只能送儀器上太空，而不是運送工業設備。其實，飛機發射的價值在於節省傳統火箭的運力，火箭現在是「吃不飽」的，一枚運輸能力 10 噸的火箭，往往只能讓它送兩三噸的載荷上天。如果小型太空飛行器發射都轉給飛機，火箭就能專注於運輸大型設備。

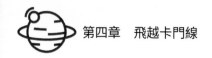

「平流層發射系統」公司就在設計一款能運載 7 人的空天飛機，準備用「大鵬」吊到平流層再啟動入軌，如此一來，太空人也可以坐飛機上太空。

04 ▶ 飛艇發射術

2009 年，羅馬尼亞工程師研製出一臺奇特的 STABILO 火箭，它不是在發射場上發射，而是用氫氣球吊到 1.4 萬公尺後，在平流層發射。

由於高空大氣阻力很小，STABILO 火箭乾脆放棄氣動外殼，讓引擎和燃料艙都裸露在外面，看上去就像一串糖葫蘆。2009 年，這串 2 噸多重的糖葫蘆由一隻巨型氫氣球吊上半空，完成了發射。

這是飛艇輔助發射的初步嘗試，它的構想與飛機發射差不多，都是躲開稠密的對流層，節省了龐大的第一級火箭，只是發射平臺有異。

其實，用氣球吊著火箭在高空發射，這個構想早在 1949 年就有人提出過。在羅馬尼亞之後，西班牙一家名為「零至無窮」的私人公司也於 2018 年用氣球發射了火箭，他們將火箭用氣球提升到 2 萬公尺才點火，由於大氣十分稀薄，這枚火箭可以消減隔熱設計，簡化結構。

不過，氣球運力遠小於飛機，所以，這些吊上半空的氣球火箭只能發射很小的衛星，並且主要被資源有限的小國所

關注。但是，它未嘗不能發展成大型航太發射技術，這就要了解什麼是臨近空間飛行器。

　　臨近空間指 20 公里到 100 公里這個範圍的超高空，它仍屬於大氣層，太空飛行器降到這裡會受空氣阻力而下墜，但空氣又十分稀薄，只有極少數火箭飛機能在這裡飛行。

　　不過，古老的飛艇卻可以長時間待在這裡，於是，各國都試圖把飛艇發展成臨近空間的專用飛行器。當然，不會是「興登堡號」那種傳統飛艇，而是融合了很多高科技的新式飛艇。充氦的飛艇可以直達 3 萬公尺高空，並且長期駐留。

　　美國洛克希德‧馬丁公司設計了一款臨近空間飛艇，能在 1.95 萬公尺高空飛行一個月。還有一個更大膽的「黑暗太空站」計畫，是把一連串的飛艇連接成為兩公里長的永久性飄浮平臺，定位於 3 萬公尺高空，裡面可以常駐兩名乘員，飄浮平臺與地面之間靠高空氣球進行運輸。

　　目前，這些臨近空間平臺都用於偵查警戒任務，但是，它們有長期留空的優點，並且成本十分低廉，上面的設備可以回收再利用，所以，未來可以參考這些飄浮平臺，設計出永久性的平流層發射場。

　　在 3 萬公尺高空，用大量半硬式飛艇組裝發射平臺，直徑上千公尺，提供上百噸的浮力。平臺上有簡單設備，可以完成組裝和發射任務，甚至能停留工作人員，它並不需要在地面建成再升空，而是一段段升空後，在平流層拼接，然後

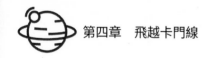

永遠飄浮。如果有什麼部件或者哪個氣囊損壞，用充氣飛艇帶著部件替換就行。即使全部損壞，也不過是慢慢降落下來。

執行發射任務時，先從地面把各種火箭部件和燃料分別送上平臺，在那裡組裝，然後發射。每隻飛艇送兩三噸載荷上去，最終能拼接出十幾噸的火箭，達到或者超過飛機發射平臺的能力，而成本則非常便宜，可靠性也大為增加。

05 ▶ 走向空天飛機

上面兩種發射方式，都能將飛行與航太結合起來，但是要透過兩種工具把它們從外部結合在一起。那麼，能不能把它們組裝到一架飛行器當中，直接結合起來呢？

在經典太空科幻作品裡，「企業號」與「千年鷹」這樣的飛船都能從地面起飛，直升太空，它們的引擎既能在大氣層裡使用，也可以在真空中使用，這就是空天飛機的概念。

飛機燃料使用時需要氧氣，在缺氧的高空就不能使用。火箭自帶氧化劑，但它又不能在大氣層裡平飛。已經退役的太空梭仍然要用火箭引擎，只是在返回時以飛機的方式滑翔。未來的空天飛機可以進展為從跑道上起飛，並且全程都有動力。

研製空天飛機，最主要的目標就是節省發射費用。如果空天飛機類似普通飛機，所有部件都能再次使用，就可以大大降低成本。空天飛機還會讓龐大的專用發射場退出歷史舞

臺，或者只為發射至深空的重型火箭保留。

早在 1962 年，蘇聯就祕密研發「螺旋號」空天飛行器。由一架高空飛機馱著一架小型太空梭升空。前者加速到 6 馬赫時，讓後者自行入軌。這兩架飛機都能自主返回機場。顯然，這個設計太超前，當時的技術無法支撐，結果在 1969 年終止。

1980 年代，全球出現一波研製空天飛機的熱潮，包括美國的「國家航空太空梭」計畫，英國的「單級水平起降空天飛機」，德國的「兩級水平起降空天飛機」，然而都因為技術水準達不到，沒有成功。

2010 年 4 月 22 日，美國發射了 X-37B 空天飛機原型機，它和蘇聯的「螺旋號」一樣，仍然需要用飛機運載到高空再發射，與理想的空天飛機有差距。不過，X-37B 能在軌道上停留兩年多，這已經遠遠超越載人飛船，接近太空站的壽命了。

只有靠空天飛機從太空中運回產品，前面提到的高純度藥物、稀有合金之類的產品才有量產的可能，空天飛機肩負著太空工業化的重任。

06 ▶ 大炮也能發射衛星

1687 年，牛頓在《自然哲學的數學原理》中推算，如果用一門大炮把子彈加速到每秒 7.9 公里，它將擺脫地球引力，環繞地球運轉。

牛頓只是做了一次腦力暢想，並沒有認真看待這一前景。到了 19 世紀，火炮技術突飛猛進。凡爾納便在其名作《從地球到月球》中，描繪了「大炮發射太空飛行器」的前景，輔助以十分細緻的工程學描寫。

蘇聯的齊奧爾科夫斯基、德國的布勞恩、美國的戈達德，這些航太科技先驅都聲稱，他們受到這本書的啟發，才投身航太事業。正是這些人為宇航技術打下了基礎，然而他們都沒有使用小說中描寫的大炮發射法，而是使用了多級火箭。

1957 年 8 月，美國洛斯阿拉莫斯國家實驗室在深井裡進行地下核子試驗，並用 10 公分厚的金屬蓋密封井體。爆炸時，核爆當量遠超過計算，井蓋被衝擊波送入太空。事後有人計算，井蓋初速度可能達到每秒 56 公里，遠超過第三宇宙速度。不過，由於它沒有橫向速度，最終還是會被地球俘獲，墜落地面，只是沒人知道這口井蓋落在了哪裡。

這次偶然失誤完成了凡爾納的夢想，然而，很少有 20 世紀的工程師認真地討論大炮發射衛星的想法。只有加拿大人布林是個例外。

這位火炮專家從研發軍用火炮出道，由於幫助美國和加拿大改進火炮，布林獲得了很多資源。於是他便在巴貝多島建立了大炮實驗基地，想把大炮發射衛星的設想變成現實。在一次實驗中，他曾經把 190 公斤重的子彈發射至 180 公里

的高空。據計算，這種大炮能把 100 公斤的重物送到 4,000 公里高空，已經到達地球高軌道。

布林大炮發射專門研製的小型火箭，配有引擎，希望它能在高空啟動，進入地球軌道。由於超載太大，炮彈裡面的引擎都在開火時便損壞了。

不能用於發射，布林便希望這種大炮用於戰爭，一來能擊碎敵人的衛星，二來能將炮彈打到上千公里外，代替中程導彈。中東強人薩達姆看上這個計畫，請布林到伊拉克研製。布林也因此惹下大禍，被以色列間諜殺害。波斯灣戰爭結束後，美軍還在伊拉克境內找到了超級大炮的炮筒。

又過了 30 年，整體的技術提升或許能讓大炮發射火箭再度復活。不過，與前面所說的電磁軌道發射不同，大炮發射時超載太高，不能用於發射精密儀器設備。只能發射水、食品、推進劑這些消耗性物資，它的價值也在於此，一炮發射 100 公斤有效載荷，最多只花幾萬美元。

子彈出膛時，初速度能達到每秒十幾公里，受空氣摩擦逐漸減速，飛過卡門線後仍然高於第一宇宙速度。子彈在高空啟動引擎調姿，橫向入軌。子彈表面要包覆隔熱層，承受大氣摩擦產生的熱量。

如果參觀大炮發射，會看到一顆流星倒飛回天上！子彈入軌後，隔熱層已經燒盡，殘餘部分被拋掉，裡面的儲物芯管自動張開，由太空站接收。

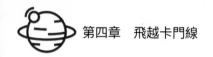

即使一天只開一炮，這種技術的頻率也遠超過傳統火箭。可以節省後者的運力，運送更多生產設備和精密儀器。

07 ▶ 火箭依舊有潛力

上面每一項突破，都像是在傳統多級火箭的棺材上釘一顆釘子。不過，火箭仍然能夠老樹開新花。

傳統火箭都是多級火箭，隨著技術能力的綜合提升，人們正在研發單級入軌火箭，它的優點在於可回收，能夠重複利用。

目前的航太發射中，推進劑在數量上占大頭，但要換算成費用，卻只占 1% 左右，用過就扔的火箭才是主要的浪費部分，一旦做到可回收，這部分發射費用將大大降低。

2015 年 12 月 21 日，SpaceX 公司的「獵鷹 9」被成功地從太空垂直回收，開創了歷史。當然，火箭回收後還得進行維修才能再利用，這方面的成本至今不詳，但總會比只能一次性使用要便宜得多。

在這次成功之前，「獵鷹 9」最後一次在大氣層裡實驗，是飛行到 1 公里高度再回收。

傳統運載火箭之所以龐大，在於多為液體燃料火箭。核導彈則只有幾十噸，可以由特種車輛運輸，原因是使用固體燃料。所以，核大國都有將固體火箭轉用於發射的計畫，以減少費用。

俄羅斯曾經擁有世界最多的洲際導彈，軍控之後面臨著如何處理的問題，他們計劃將其中一部分進行改造，發射民用衛星。日本固體火箭「艾普斯龍」發射成功，將費用下降到 3,000 萬美元。中國的快舟系列火箭可以在特種車輛上發射，已經不使用發射場。

　　美國民間公司「ARCA」更計劃推出世界首個單級入軌火箭，把費用一舉降到百萬美元。

　　上面所有這些技術都可以令發射費用銳減，並非哪種會成為主流，而是齊頭並進，共同取代笨重的傳統多級火箭。只有將每公斤發射成本降到數百美元之內，太空資源開發才能真正開始。

　　至於很多媒體都在談論的太空電梯，我不認為它真會實現，技術上當然可行，但初期建造的費用便等於美國多少年財政收入的總和，而上述技術都在航太大國承受範圍內，甚至，不少民營公司都躍躍欲試。

　　正是由於費用高昂，種種太空工業設想都不能落實。一旦突破了某個價格點，我們將會看到第一座太空工廠誕生於天際。

　　至於這些工廠的產品，最初一批會主要供應地面，所以需要太空梭或者空天飛機。另外一部分則用於在太空中開發替代品，如水和金屬，以減少地面的補給壓力，這部分產品無須回到地面。

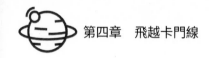

隨著太空工業的發展，大宗消耗品將不再由地球供給。太空運輸的主要內容會是精密儀器、生產設備，以及部分太空產品。所以，地球對太空工業的支持，主要體現於最初一段時間。換算成總運輸量，可能在 1 萬噸左右，把這麼多物品送上太空，太空工業才能奠基。

接下來，太空與地球之間會形成貿易平衡，再往後，太空工業自給自足，並且反哺地球，到那時，太空運輸的成本將不再是個問題。人類會從太空中找到足夠能源，支持這個運輸體系。

08 ▶ 更多的衛星，更少的垃圾

如果發射價格降低，發射能力就會相應提高。美國甚至有計畫，讓前線每個士兵都能使用衛星，民間更有少則千顆，多達萬顆的各種「星座互聯網」計畫，它們都必須以廉價發射技術為基礎。

很多人看到這個遠景，第一時間想到的不是技術飛躍，而是更多的太空垃圾，它們有報廢的衛星，有末級火箭，有它們之間碰撞後形成的更小的碎片。

到目前為止，近地軌道已經形成了 50 萬塊太空垃圾，現在還有 1 萬多塊殘留在軌道上。被太空垃圾碰撞而導致事故，已經從科幻片情節變成了現實。

早在 1983 年，美國「挑戰者號」太空梭就被一塊 0.2

公釐的碎片劃傷舷窗，不得不提前返回。1986 年，歐洲一枚「亞利安號」火箭入軌前被太空碎片撞擊炸毀，殘骸還導致兩顆日本衛星受損。從那時起，太空垃圾導致的事故就經常發生。

設想一下，人類歷史上所有沉船如果都浮上水面，可能很多江河湖海都不能航行了，如今太空中就面臨這個局面。太空垃圾本身不大，都收回後堆起來，也裝不滿一艘大型貨船，但是它們的速度比子彈快幾倍，這才是危險所在。

有鑑於此，中國於 2016 年發射了「傲龍一號」空間碎片主動清理飛行器，這是世界上首個太空垃圾收集衛星，它靠近目標後會伸出機械臂來抓取，把碎片放入儲存箱，在適當時候將儲存箱推入重返大氣層的軌道，讓它們燒毀。

日本也發射過「鸛 6 號」貨運飛船，上面搭載一根數百公尺長的電磁裝置，用它吸附太空碎片。歐洲太空總署的太空垃圾清理衛星將於 2025 年升空。

清理已有的垃圾固然是好事，新生成的怎麼辦？其實，今天發射一顆氣象衛星，明天發射一顆導航衛星，這是傳統的航太發射模式。這些衛星有不同的軌道，不同的支援系統，然而，它們無非就是一臺臺儀器，為什麼不集成起來，放到某個龐大的綜合科研平臺上呢？

這種無人科研平臺不同於太空站，內部完全不安排人類活動的空間，也不需要複雜的生命維持系統，它們就是長期

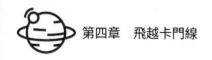

在軌的大型平臺。一顆新衛星升空後，與這些科研平臺進行主動交匯對接，嵌入支架，如此一來，衛星還可以節省太陽能電池板，由科研平臺上的電池板統一供電。

如果某顆衛星到了預期壽命，科研平臺還能將它們推送到再入軌道，在大氣層裡焚毀，以防止成為太空垃圾，空出的對接位留給下一顆衛星。

這種無人科研平臺的設想遲遲沒有實現，一大原因就是衛星生產現在還沒有實現標準化，而是更像古代手工作坊，每顆都要重新設計，重新製造，衛星上也沒有裝備功能介面，所有的東西都需要逐一改造。不過，當幾十倍的發射任務出現後，建造綜合平臺也將邁入計畫，否則再過幾十年，太空碎片會多到讓人類無法發射衛星的程度。

09 ▶ 征服「距離的暴虐」

觀眾從新聞裡看到的火箭發射，都在用化學火箭，噴煙吐火，好不熱鬧，但只能燃燒十幾分鐘。

將來要占領深空，必須使用等離子體發動機，簡稱電噴火箭，其原理是用勞侖茲力將帶電原子或離子加速通過磁場，向後噴射，驅動太空飛行器前進。至於電的來源，可以使用太陽能電池，也可以使用核電。

電噴火箭使用起來沒有化學火箭那麼誇張，推力很小，現在的實驗機只能吹起一張紙，但是可以長時間加速，類似

於踩油門踩上一整天。由於宇宙空間沒有摩擦力，很微小的加速度累積起來，也會讓飛艇達到極高速度。

電噴火箭的技術目標是將飛船速度提高到現在的 10 倍以上，往返火星一次的時間縮短到 40 天內。由於能源轉化率高達 80%，電噴火箭只需要化學火箭幾十分之一的推進劑，就可以產生同樣的速度增量。

可以說，沒有電噴火箭，人類就談不上到深空開發資源。以 1997 年發射的「卡西尼號」土星探測飛船為例，它的目標是十幾億公里外的土星。為達到足夠速度，飛船兩次經過金星，還飛回到地球附近，又經過木星，都是為借這些天體的引力加速。結果全程長達 35 億公里，也只是把速度增加到每秒 30 公里，耗費 7 年時間才到達目標。

這種深空飛行，相當於古人用帆船借風渡海，必須等待時機。如果使用電噴火箭，進入深空就不必折騰，目標在哪裡，直接飛到匯合點就行，不用考慮「重力彈弓」，或者什麼「大衝」，隨時啟航，耗時就像現在乘機械船隻橫渡大西洋。

然而，電噴火箭推力極小，連自己都不能送上太空，必須由化學火箭把它發射出去，在軌道上組裝後再啟動。

現在，地球軌道上還沒有發射站，電噴火箭只能為小型飛船調整航線，不能大幅度加速或減速。在軌發射平臺建立後，大型電噴火箭就能和有效載荷組裝起來，再點火啟動。這樣，電噴火箭能將幾十噸、幾百噸的飛船加速到每秒上百公里。

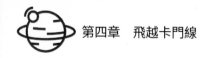

　　美國太空總署在「小行星重定向任務」中，便計劃使用太陽能電噴火箭，將推進劑使用量從 200 噸減少到 10 噸！這可是質的變化。

　　除了電噴火箭，提升飛船速度的方案還有太陽帆計畫和電動帆計畫。尤其是電動帆，它能形成強磁場，反彈太陽發出的帶電粒子，藉其反作用力飛行。同質量的電動帆和化學火箭相比，速度增量提升 1,000 倍！

　　不過，這兩種帆要靠太陽釋放的能量推進飛行，只能從太陽系的裡層外飛，接近目標後，還要靠其他方案減速。另外，很大一張帆只能帶動很小一點載荷，機動性能不如電噴火箭。至少從中期來看，電噴火箭還是最好的提速方案。

　　「距離的暴虐」是天文學的一個梗，意思是天體之間距離之遠，令人感到絕望。不過，物理距離不變，心理距離則與技術成反比。曾幾何時，茫茫大洋也存在著距離的暴虐，但被人類克服了。電噴火箭將幫助人類跨過星際距離這個難關。

10 ▶ 特種飛船遠在前方

　　無論是載人飛船還是太空站，理論上都只有科研用途。太空工業革命後，會出現大量用於工業的特種飛船，首先便是太空駁船。

　　開發太陽系，有時候追求的不是速度，而是運載量。

太空駁船的任務就是把大量物資從一個天體運往另一個天體，可能是人員、貴金屬、固體氫和二氧化碳，或者僅僅是水冰。

在科幻片《異形》第一集中，人類飛船載著 3,000 萬噸礦石返回地球，由此開始了一個漫長的電影系列。跨越恆星際運送一堆礦石，肯定不經濟，但這個設定也有部分合理性。地球有重力，建不出能運載 3,000 萬噸貨物的船，在零重力的太空中卻不是太難。

太空駁船沒有動力，僅僅是一個超大型金屬容器，結構非常簡單。製造長 1,000 公尺，寬和高各 100 公尺的金屬容器，就能獲得 1,000 萬立方公尺的容量。當然，結構再簡單，也要有隔艙、居住室、設備間這些部分，扣除它們，至少有八九百萬立方公尺容量，僅僅裝運水，就夠小型太空城用一年。

有駁船就需要拖船，它們是專用制動飛船，本身是個攜帶推進劑的巨型電噴火箭，除了導航、對接太空駁船和生命維持系統，基本上沒有其他功能，它們的作用就是對接太空駁船，把後者引導到必要的航線上，同時給予加速。

完成任務後，制動飛船與太空駁船脫離，讓後者沿慣性飛行，自己返回去牽引其他駁船。太空駁船到達目的地，自有另一批制動飛船飛過來，牽引它們靠泊。

太空駁船前後左右會有很多對介面，它平時就待在各種

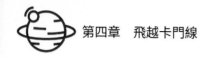

天體軌道上。由於結構簡單，技術簡單，太空駁船可以批量生產，滿足太陽系各天體間運輸的需求。如果是運輸材料、食物、藥品、氧氣和水這些大宗物資，速度不需要很快。讓幾百萬噸物資在太空中飄行一年到達目的地，經濟上並不是問題。

如此巨大的太空駁船，當然無法在地面上建造，甚至從地面提供建築材料都不划算，它的全部材料都來自金屬小行星，比如靈神星，那裡將開闢為大型太空造船廠，加工好的金屬直接用於製造太空駁船，再飛向太陽系各處。

在狹窄的太空飛行器裡面，能量密度高的核動力擁有很大優勢。現在太空飛行器上有同位素溫差發電器，就是利用核裂變產生的能源，但功率很小，只能為小型太空飛行器供電。

每艘制動飛船都會達到小型太空站級別，內部空間很大，可以安置大型反應堆，功率達到幾十兆瓦，是現在國際太空站能源的數百倍，這樣的能源水準才能驅動巨型駁船。另外，在地球軌道上使用核裂變技術，人們會顧慮太空飛行器掉下來汙染地面，遠在深空則不用擔心。

工欲善其事，必先利其器。從地面到深空，一系列新式飛行技術會讓太空工業擁有扎實的基礎。

第五章
「地衛二」計畫

　　喜歡宇航的朋友經常被移民火星，或者在月球建基地這類夢想所激勵，然而，太空提供給人類的第一塊墊腳石可能要小得多。人類早就知道它們的存在，但直到幾十年前，才能真正地找到它們。

　　不過，展望幾十年後，這些小傢伙可能誕生出人類第一批太空基地。它們是誰？它們在哪裡？本章就要為你解開這個謎。

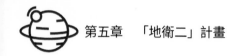

01 ▶ 再對流星許個願

　　僅憑地球資源，支撐一個地球工業體系已經很吃力，難道還要再支撐一套高消耗的太空工業？雖然數不清的宇宙開發計畫都這樣安排，但它顯然不是最佳選擇。只要最初一批生產設備升空啟動，人類就得在太空中尋找替代資源，減少對地球的依賴。

　　太空開發的首站既不是月球，也不是火星，而是鮮為人知的近地小行星。

　　地球附近飛舞著許多石塊和金屬塊，它們一旦進入大氣層，就會擠壓前方空氣，產生高熱，在天空中劃出美麗的弧線。

　　天文學家早就知道流星的本質。1976 年 3 月 8 日，一顆隕石飛入吉林省永吉縣上空，解體爆炸，最大的一塊殘片撞擊地面，形成蘑菇雲。截至當時，這是歷史上被人類目擊到的最大的一次隕石撞擊。科學家在撞擊點找到重達 1,770 公斤的標本，它的照片登上各大報刊，並附有不少科普文章。

　　正是那一年，我從這些報導中知道隕石的來歷。很長時間我都以為，科學家那麼有本事，肯定早就能看到這些近地小行星。後來我才知道，由於望遠鏡功率不夠，天文學家雖然知道它們的存在，卻一直無法直接觀測到它們。

　　小行星進入大氣層，也就意味著生命的終結。所以，必須在軌道上觀察到它們，才能談得上加以利用或者予以摧

毀。這些天體太小，但是它們吸收太陽輻射變熱，在紅外線波段觀察時比在可見光波段觀察時更亮，所以，透過紅外線望遠鏡更容易看到它們。

　　小行星和大行星一樣，都要圍繞恆星旋轉。幾十億年前，太陽系裡到處都是小行星。經過無數次撞擊，小行星紛紛被大行星吞併，剩下的越來越少。截至目前，人類一共發現 128 萬顆小行星，其中 90% 集中在火星和木星之間的一條軌道上，它們的體積都加起來，只有月球的 1/3。

　　對這些小行星，人類早在 1901 年便觀察到了它們中最大的一顆，並將其命名為穀神星。但是對於近地小行星，也就是自身軌道與地球公轉軌道交叉的小行星，直到 1989 年才觀察到第一顆。

　　到現在為止，人類發現了超過 16 萬顆近地小行星，大的直徑有幾公里，小的只是一塊大石頭。這些近地小行星體積更小，全部堆在一起，大致相當於一條喜馬拉雅山脈。

　　這麼小的體積，從天文學角度來說幾乎不值一提。由於這些小行星在人類面前現身過晚，所以幾乎不被大眾所重視，人類開發宇宙的輿論熱情還集中在火星或者月球這些大型天體上。

　　然而，前沿科學家最為敏感，他們意識到，研究近地小行星才是人類在太空中走出的第一步。2010 年，美國就制訂出「小行星重定向任務」，想把一顆小行星拖到繞地球的軌道上。

　　如果小行星軌道與地球軌道之間最小距離不足 0.05 個天文單位，也就是 745 萬公里，就要被科學家標記為有撞擊風險。然而，也正是由於小於這個距離，這些小行星更方便被人類捕獲，變害為寶，這就是本章的內容。

　　以後再看到美麗的流星，我們要許願宇宙開發事業能踩著近地小行星走向輝煌。

02 ▶ 這才是人造衛星

　　2017 年，美國政府終結了歐巴馬時代提出的「小行星重定向任務」。此前，美國太空總署已經開始對太空人進行水下訓練，讓他們掌握在失重狀態下登陸小行星的技能。

　　箭都搭在弦上又被取下，確實非常可惜。計畫被取消的理由有很多。與從遠古就陪伴人類的月球相比，最近才被觀察到的近地小行星不受重視。普通人並不知道抓獲一顆小行星，比登陸月球要難得多，會讓航太技術邁進一大步。

　　「小行星重定向任務」是宇航界到目前為止最大膽的方案，它要從幾萬顆近地小行星裡選擇一個目標，先派無人飛船靠過去，把它捕獲，改變其天然軌道，使它移動到月球軌道上，然後再派太空人登陸這顆小行星。

　　由於地球只有月球這麼一顆天然衛星，這個計畫相當於製造出「地衛二」。一旦成功，這將是人類首次改變天體運行軌道。

當然，第一次做這種事，目標不會定得很大。該計畫最初想選擇某顆 500 噸以下的小行星，後來發現這麼小的天體直徑只有幾公尺，從前期觀察到實現伴飛都很困難，於是就把目標改成某顆直徑數百公尺長的小行星，希望從小行星上面拿下一塊石頭，帶到月球附近再放飛，實際上是造出一個人造天體。

　　為什麼控制小行星的難度大於登月？首先便是距離遠，很少有近地小行星會進入月球軌道以內，而值得捕抓的目標離地球最近也有幾百萬公里。這個計畫最初是想把載人飛船送去與小行星匯合，由於距離太遠，才改為先用無人飛船把它們拖過來。

　　要知道，除了載人登月，全球所有其他載人航太計畫都不超過 2,000 公里的中軌道。一下子跑到幾百萬公里外，相當於把這個世界紀錄提升幾倍，所需時間和給養都要幾倍地增加。

　　其次，小行星是「非合作目標」。不像兩艘飛船對接，或者飛船與太空站對接，雙方會主動向對方靠攏。即使目前人類已經能用飛船維修衛星，也是針對外形規整的人工物體。小行星不僅不合作，而且飛行軌道複雜，形體各異。

　　要飛到它身邊，並且把速度和方向調整到伴飛狀態，需要大大增加飛船機動性才行。這對於飛機來說無所謂，但對於每秒 10 公里以上的飛船，稍有失誤就會擦肩而過。

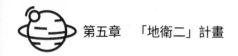

以「嫦娥二號」近距離觀測圖塔蒂斯小行星為例，它的直徑只有 4 公里，飛船卻以每秒 10.2 公里的速度掠過，比公路上兩車交錯還要快。

接近困難，捕抓更困難。小行星完全不受控，只能靠飛船自己調整速度和位置。小行星幾乎零重力，在它表面稍一用力，飛船自己就會彈開。除了公轉，小行星還在自轉，對接之後，弄不好會把飛船甩開或者纏住。至於改變它的軌道，更是史無前例的難題。

既然這麼困難，人們又為什麼要自討苦吃？因為相對於運送地球物資上太空，把小行星拖過來要經濟得多。

就以「小行星重定向任務」為例，最初想把 500 噸的天體拖入月球軌道，成本 24 億美元。國際太空站目前總重 420 噸，人類花了 1,600 億美元和 20 多年時間，才把這麼多物質送上 400 公里的軌道上。兩相比較，就知道拖拽小行星似難實易。

便宜是便宜，把小行星弄過來有什麼用呢？

03 ▶ 金屬盛宴

古人最早使用的鐵就是隕鐵，一份來自近地小行星的禮物。踩著這個簡陋的技術臺階，我們才走到了今天。不久，我們的後代會向先人致敬，繼續使用天上的金屬。

太空中為什麼會有金屬材質的小行星？這要從它們的產生過程講起。太陽系剛形成時，星雲逐漸凝聚成幾百個「星

子」，它們呈融熔狀態，金屬物質比重大，就往內核沉降下去。如果兩個星子撞到一起，四分五裂，內核就會暴露出來，甚至變成金屬碎片，成為小行星。

金屬小行星並不多，估計只占總量的 4%，但是價值十分驚人。以編號為「2011 UW-158」的小行星為例，直徑不足 1 公里，卻含有 1 億噸鉑，而它離地球最近只有 240 萬公里。人類已有的幾次小行星探測，匯合點都比這遠得多。

鉑有什麼工業用途呢？它是一種化學穩定性非常高的金屬。理論上來說，可以製作化工工業的反應容器。可是到現在化工業都沒這麼做，因為鉑在地球上含量比金還少，根本不可能用來製作大罐子。但是，擁有「2011 UW-158」以後，人類可能會像使用鋁那樣普遍使用鉑。

什麼？地球上的鉑價會因此崩潰？要知道，鋁剛被發現時，價格也高於黃金。如今它的價格早就「崩潰」了，好像對人類也沒造成什麼不利影響。

實際上，金屬小行星都不只包含一兩種金屬，而是混合的金屬疙瘩，每拖一個過來，就能滿足太空工業很長時間的原料需求。

國際上有個小行星資料庫，包含著 60 多萬顆小行星的資料。如果是金屬小行星，資料庫就會用地球金屬價格來折算這些金屬的價值。其中有 814 顆金屬小行星的價值超過 100 萬億美元！是每顆的價值，還不是全部的價值，這些金山銀

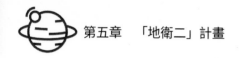

山就在茫茫太空中向我們招手。

這些金屬如果在地球上，可能並不值錢，但如果用它們在太空中替代地球金屬，其價值就盡顯無疑。只要移動過來一顆直徑數百公尺的金屬小行星，總質量就遠遠超過人類歷史上發射的所有太空飛行器中的金屬。

掌握幾顆類似「2011 UW-158」的金屬小行星後，人類太空開採技術就會成熟。到那時，我們將遠征靈神星，一個終極金屬寶藏！

靈神星是遠古時代某次大撞擊的產物，也是太陽系裡最大的金屬小行星。按市值估算，靈神星的金屬總價值約為一千萬萬億美元，數不清究竟有多少個零？沒關係，知道它很值錢就行。宇宙開發頭幾個世紀的金屬需求，可能都透過它來滿足。

靈神星質量巨大，人類無法把它拖過來，也沒必要這麼做。用金屬近地小行星演練過以後，人類到那時已經掌握了低重力環境下的靠泊技術，人類可以派出大型飛船，直接在靈神星上建設冶煉廠，再用太空駁船把金屬產品運往太陽系各處。

04 ▶ 天上的水庫

小行星貝努直徑 500 公尺，每 6 年接近一次地球。科學家研究它的重點不是體積，也不是撞擊地球的可能性，而是在它上面發現了水的痕跡，據研究，這些水就封固在岩石裡。

地球上的水大多是遠古時代的小行星帶來的，所以，發現含水小行星並不令人驚訝。小行星上沒有空氣，不產生對流，表面吸收的熱量很快輻射到太空，所以，如果在陽光照射不到的內部存在冰，就會保存億萬年。

　　小行星分為石質、碳質和金屬質等幾種，其中碳質小行星占總量的 75%，並且經常會含水。一顆貝努級的小行星，內部可能封存有幾百噸冰，全都融化掉，裝不滿一個游泳池，但是反過來想想，把一個游泳池的水送到太空，人類要花多少錢？這麼一比較，便知道從小行星取冰的價值。

　　這些水除了供太空中的人類生存，還可以用來開發太空農場，種植基本作物。這些水的另外一個用途是電離後分解出氫和氧，這些含水小行星就是火箭推進劑的原料庫。

　　在地球附近學會採冰以後，人類就可以遠征穀神星，近一個世紀內，它都是宇宙開發事業的總水庫。

　　人類遠在西元 1801 年就觀察到了穀神星，直到最近，天文望遠鏡在它表面觀察到亮點，科學家才意識到那有可能是冰。等到 2015 年美國探測器「黎明號」近距離觀測之後，才確定它的總質量中 40% 都是冰。全部融化後，幾乎等於地球的總水量。

　　只不過，這些水基本都以冰的形式封存在地表之下，不容易被發現，也正是由於封存地下，它才不會被陽光照射後昇華而散失。

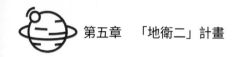
難道我們要派飛船降落，在穀神星上鑽井，再把一塊塊冰搬上來？並不需要這樣。穀神星沒有大氣，冰見到陽光就氣化，穀神星質量太小，逃逸速度只有每秒 0.51 公里，只要氣化後蒸氣速度超過它，就能直接噴射上太空。

人類之所以知道穀神星上有冰，是發現了一些叫作「冷阱」的地方，這是深井狀的地形，太陽永遠照不到裡面。人類在軌道上展開巨大的太陽鏡，朝「冷阱」深處照射，冰就會直接昇華後噴出來，形成水蒸氣，只要水蒸氣噴發速度超過逃逸速度，就會進入太空。人類可以預先在那裡安排好巨大的布幕，將水蒸氣截留，直接凍結。

如果「冷阱」的寬度不夠，還可以使用宇宙工程彈來爆破，在穀神星表面撕開大洞。氫彈輻射極小，不用擔心取到的冰遭受汙染，甚至可以用氫彈做定向爆破，可以將直徑數百公尺到一公里的冰塊送上太空，變成小行星，再利用小天體重定向技術，把它們捕抓到人類可以使用的地方。

從穀神星採到的冰會裝上太空駁船，運往太陽系各處工地。在到達木星系之前，穀神星就是太陽系的總水庫。

05 ▶ 天然空間

近地小行星的尺寸在天文學上毫不起眼，但是，如果讓人類從地面朝太空發射一個長幾百公尺、重達幾百萬噸的物體，100 年內恐怕辦不到。相比之下，將這麼大一顆小行星

變成天然飛船，卻很有可能在 21 世紀內實現。

　　從內部結構上看，近地小行星可分為兩種。一種是單體小行星，遠古時代天體互相碰撞，一塊完整的石頭變成小行星飛出去，就形成了這種單體小行星。另一種是堆狀小行星，是兩個或者更多小行星被引力「黏」在一起，遠看是個整體，近看卻不牢靠。日本飛船探測過的「龍宮」小行星就是如此，它有 900 公尺長，其南極有段長 100 公尺左右的岩石，就是後來吸附上去的。

　　要把小行星改造為天然飛船，得選擇單體小行星，因為它在改造過程中不會解體。人類登上這類小行星後，可以用集熱光纖進行切割，從裡面掏出有用空間。切下來的碎石正好可以用於改變小行星軌道，把它們按照預定方向拋出，反作用力就把小行星推往另一個方向。

　　一艘幾十噸重的飛船載上太空人，帶上工具和補給，在這種小行星上工作一段時間，就能挖出上千立方公尺的空間。

　　在地面上的山體打洞，時時面臨坍塌和漏水問題，經常有工人死難的事故發生，但在幾乎零重力的小行星上，切割下來的石塊就懸浮在空中，毫不危險。科學家曾經在太空站上做過實驗，一個人在零重力環境下，最多能移動 700 公斤的物體，所以，這些石頭只需徒手移走，不用起重機。

　　人類開發宇宙的早期，人造空間十分難得。國際太空

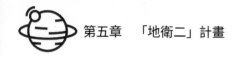

站耗資 1,600 億美元，才創造出 916 立方公尺的空間，把這 1,600 億美元換成黃金，也要填滿 145 立方公尺的空間，1 立方公尺黃金差不多換 6 立方公尺空間。

但是，從小行星裡掏出幾十倍的空間，再把它拖到地球軌道上，花的錢要少得多。實際上，主要花費用於把它拖過來，而不是在它上面打洞。

小行星的空間十分重要，沒有這麼大空間，就無法容納工業設備，首批太空工廠可能主要放在小行星裡。近地空間強烈的陽光會導致設備老化，更不用說宇宙間還有強輻射，而在小行星上挖掘使用空間，可以保留十幾公尺到幾十公尺厚的洞壁，把陽光和射線遮罩在外面。

近地小行星究竟有多大尺寸呢？被稱為「毀神星」的阿波菲斯小行星長 350 公尺，重 6,100 萬噸，長度相當於航母的長度。

日本「隼鳥號」探測過的「糸川號」小行星，長約 540 公尺，寬約 300 公尺，體積超過世界最大單體建築「成都新世紀環球中心」，把它拖過來的話，可以在裡面建設很多工廠和實驗室。

「嫦娥二號」探測過的圖塔蒂斯小行星，長 4.46 公里，寬 2.4 公里，把它拖過來的話，足夠改造為太空城！

有些小行星不用拖到地球附近，而是讓它們留在深空軌道上，挖出內部空間，作為飛船深空飛行時的通訊站和補給站。

06 ▶ 速度也是寶

　　小行星為什麼能造成地球的危害？原因是高速運動讓它攜帶巨大的動能。導致通古斯大爆炸的那顆隕石，據分析只有 60 公尺長，體積差不多相當於四川省的樂山大佛。想像一下，如果把樂山大佛加速到每秒 10 公里，再讓它撞擊地球，釋放的能量就相當於 2,000 萬噸 TNT ！

　　當然，人類還沒有能力把樂山大佛加速到這麼快。小行星攜帶的動能，來源於幾十億年間無數次引力加速，或者互相撞擊帶來的動能。當我們仰望星空時，要知道那裡有幾萬顆炮彈正在飛舞。

　　然而，如果能控制這份動能，就能讓它造福人類。未來太空開發事業當中，把小行星當炮彈來利用可以辦成許多事情。

　　最簡單也最為切近的功用，叫作「以石擊石」，如果某顆小行星對地球產生威脅，可以用更小的小行星把它撞離原來的軌道。

　　在危險小行星上進行爆破，聽著簡單，操作複雜。即使成功爆炸，也可能把小行星炸成一堆碎塊，相當一部分仍然會按照原軌道衝向地球。把危險小行星作為一個整體撞離原來的軌道，是現在的首選技術。

　　當然，人類也可以發射無人飛船去撞擊小行星。早在 2005 年 7 月 4 日，美國無人飛船「深度撞擊號」就以每秒 10 公里的速度撞上「坦普爾二號」彗星。2019 年，日本的

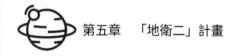

「隼鳥二號」也向「龍宮」小行星發射了金屬彈撞擊器。這說明人類已經掌握了接近和撞擊小天體的技術。但由於質量相差懸殊，這兩次撞擊都幾乎沒改變目標天體的軌道。

這兩次撞擊的任務是激發出目標天體上的物質，進行檢測分析。歐洲太空總署的「雙小行星重定向任務」卻把改變軌道當成重要目標，他們的理想實驗目標是「迪迪莫斯」雙小行星，這是兩顆互相繞行的小行星，一個直徑約 780 公尺，一個直徑約 160 公尺。太空飛行器將先撞擊較小的那一顆，以檢測變軌效果。

相對於幾十公尺、幾百公尺長的實心小行星，人類的太空船質量太小，撞擊後只能造成微小的軌道改變。對此，科學家提出了更好的方案，就是派太空船捕獲一個更小的小行星，或者在目標天體上挖石頭，與飛船組成撞擊聯合體，一起撞擊目標天體。一艘小飛船最多幾噸重，卻能裝載 100 多噸石塊，成為沉重的炮彈。

科學家以小行星「阿波菲斯」為目標進行計算，直接用飛船撞擊，只能讓其軌道偏轉 176 公里。如果用「撞擊聯合體」撞擊，可以偏轉 1,866 公里。

把飛行中的小行星變成撞擊物，這種技術一旦成熟，就不再限於排險，未來的宇宙採礦、改造火星等工程，都要運用這項技術。比如從穀神星上取冰，就可以先驅使一顆小行星砸開石質表面，將冰層暴露出來，然後取冰。

07 ▶ 如何靠近？

小行星有這麼多寶貝，但它們的飛行軌道十分複雜，不是月球那種顯而易見的目標。人類能否飛過去，再靠近？

1991 年，美國「伽利略號」探測器掠過 951 號 Gaspra 小行星，這是人類第一次控制太空飛行器主動接近一顆小行星。從那以後，人類相繼攻克了「接近」和「繞飛」兩道難關。現在，「飛過去」已經不是問題，下一步的難關是如何降落。

2005 年，日本「隼鳥號」飛船成功地在「糸川號」小行星上取樣，並於 5 年後帶回地球，但它也沒有降落在小行星表面，而是慢慢貼近，向「糸川號」發射子彈，砸下一些碎片，再從太空中收集。

正因為只能「間接取樣」，「隼鳥號」只帶回 1 克多樣品，而在壯志未酬的「小行星重定向任務」裡，美國太空總署要從小行星上挖一塊幾噸重的石頭，那是必須要降落才辦得到的事。

彗星體積普遍大於小行星。2014 年 11 月 13 日，在離地球 5 億公里外的地方，歐洲太空總署的「羅塞塔」彗星探測器釋放出「菲萊」著陸器，成功登陸代號為「67P」的彗星，為太空飛行器在小天體上著陸累積了經驗。

小行星的重力很小，太空人在上面踩一腳，都能把自己反彈回太空，所以，面對像「67P」這樣有幾公里直徑的小天

體，一般要先發射錨釘。錨釘是由炸藥推送的釘槍，錨釘射入小天體表面後，裡面的延時裝置膨脹開來，塞住洞孔，讓它卡在那裡。連續射入幾個錨釘後，飛船就會拴在小天體上面。

對於直徑幾十公尺、數百公尺，而且需要捕捉作業的小行星，還可以使用「繩網飛行器」，這是中科院空間中心王彗木等人設計的方案。繩網飛行器本身是一張方形大網，在它的四個頂角上安放小型飛行器。飛船臨近小行星時，把「繩網飛行器」放出去，這些小飛行器以編隊飛行方式把整張網打開，罩住小行星，再在另一端匯合，並且互相鎖閉，網住整顆小行星。

這樣還不算完成，飛船還需要發射機械爪，抓住這面繩網，這才算完成飛船與小行星的對接。整個過程分兩步進行，是為了防止因操作不慎，小行星拖著飛船亂滾，造成危險。

飛船能夠靠近，太空人又如何踏上小行星呢？答案是用鎖扣扣住這面繩網的網線，每走幾步，再把鎖扣解開，扣住前面的網線。如果需要往小行星上安裝科研儀器或者機械設備，也需要想辦法把它們固定在繩網上。

要改變小行星軌道，並且消除它的自旋，就必須在上面安置姿控發動機，而且可能不止需要一臺。直徑數百公尺的小行星，至少需要把幾臺電噴火箭安放在不同位置，這就需要在小行星表面鑽探出大型孔洞，將發動機置入小行星體內。

由於在小行星上幾乎是零重力，所以無法實施鑽探作業。想打開小行星表面，最好使用集熱光纖，它可以把高能光束深入到小行星內部，進行切割。

08 ▶ 如何拖回來？

「總有一天，人類將像學會騎馬一樣，騎著小行星去旅行！」

這是齊奧爾科夫斯基的名言，要實現它，我們不僅要抓住小行星，還要改變它的軌道。

小天體本身就在高速運行，人類只要施加小小的外力，就能改變它們的軌道，讓其飛向預定位置。美國有個由科學家、太空人組成的機構，名字叫「B612 基金會」，專門討論如何應對小天體撞擊地球的問題，他們認為，改變小天體軌道最可行的辦法，就是用萬有引力這根虛擬的繩索牽動它們。

屆時，人類派出大型飛船與目標小天體構成雙星系統，再調整飛船本身的軌道，經過一年半載的調控，就可以把目標天體帶出危險軌道。

另一種設想是在小行星表面挖洞，然後不斷把石頭拋往某個方向，根據作用力與反作用力原理，小行星就會偏向相反方向。還有一種類似的設想是用雷射不斷燒蝕小行星，讓它的表面成分變成蒸氣噴出去，這樣反作用力就會壓迫小行星改變軌道。

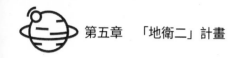

不過，這些技術的目標只是讓小行星偏離原來的軌道，所耗能量很小。如果要讓它們進入人類所要求的軌道，只能把大功率的電噴火箭安裝到小天體表面，把這些天體改造成飛船，進行長時間的姿態調整。

要想實現這些目標，需要把小行星拖拽到什麼位置呢？地球軌道絕對不安全，小行星稍有變軌，就會砸向地面，引火焚身。

在地球附近，小行星最安全的存儲位置是引力平衡點。其中，地月平衡點共有 5 個，目前以 L2 點最受重視，它離月球 6.5 萬公里遠，中國「嫦娥四號」的中繼星就在那裡，美國計劃中的月球太空站也要發射到那裡。

當一顆直徑數百公尺的小行星被拖入地月 L2 點，變成「地衛二」，人類駕馭自然的能力就得到了提升。L2 點雖然稱為「點」，其實空間相當大，將來，此處會是成礦天體的集中地，它們被拖到那裡，就地開發。

前面說過，近地小行星撞擊是地球可能會面臨的重大威脅。目前，人類發現直徑大於 200 公尺的危險小行星共計 32 顆，一旦掌握重定向技術，首先要捕抓它們，投入這個引力牢房，如此可保 21 世紀內人類不受隕擊威脅。更大的小行星會在較遠的未來逼近地球，到那時，人類已經能控制直徑超過 1 公里的小行星，可保長期無憂。

當人類完全掌握了小行星開發技術，並且擁有電噴火

箭，還能把太空飛行器加速到每秒 100 公里以上，就可以進入火木之間的小行星帶大施拳腳。水、金屬和空間，開發目標大同小異，開發規模擴大了十倍甚至百倍。

09 ▶ 華麗的太空城

從完全用人造部件拼接國際太空站，變成在小行星內部挖掘空間，人類在太空中建造人工空間的能力大大提升。然而如果想再進一步，可能又要回到完全使用人造部件的時代，畢竟，一顆小行星大部分質量都是垃圾，並無實用價值。

在科幻片《極樂世界》中，人類已經能在近地軌道建築太空城，地面上的人們白天就能看到它，如果飛過去一看，會發現裡面更是極盡奢華。愛思考的觀眾肯定會想，建這麼一座城需要多少金屬啊？還不用說裡面的空氣和水，這些都需要從地面供給嗎？

當人類的太空事業還處於第一階段時，每口氧氣和每滴水都需要地球補給，太空中的人只是臍帶上的嬰兒，而開發小行星就會讓人類進入第二階段，也就是資源替代階段，在這一階段，人類將逐步減少地面補給，就地取材。

一旦人類可以掌控靈神星和穀神星，就進入了第三階段——資源拓展階段。此時，人類可能會在太空建築地球上無法達成的宏偉項目，太空城就是典型。

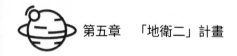

　　和飛船一樣，太空城也會在軌道上高速運動，但它們和地球的位置相對固定，人員物資來往方便，可以把它們視為太空中的固定建築。地球同步軌道、地日 L2 點和地月 L2 點都是適合建設太空城的位置。

　　在科幻片《千星之城》中，太空城從國際太空站發展而來，幾百年後，成為擁有百萬人口的巨城，最後離開地球，駛向木星。

　　是的，太空城就是巨型飛船，自身有動力。所以，建設太空城並不需要考慮承重問題，但是要考慮傳動問題。不過，太空城一旦建成，並不需要長距離移動，上面配備的都是姿態控制發動機，僅供變軌之用。

　　太空城所用的金屬都取自小行星，最初是「2011 UW-158」上的金屬。一座由白金打造的城市？我覺得沒什麼不可以。鉑也是很好的工業材料。當人類進入靈神星時，就可以無限量地開採金屬，一船船地運回近地空間，太空城建設就可以大規模展開。

　　一旦建設太空城，以前那種實驗性質的太空農業，可能就必須大規模開展，它們將成為太空城裡最優先完成的部分。當然，所有太空城都安置在沒有地球陰影的位置上，有了光，太空農業就能得到基本發展。

　　至於太空城裡的水，當然要取自小行星，氧氣則來自水的電解。不過，地球上最常見的氮氣，在近地空間卻很難找到。

植物光合作用所需要的二氧化碳，也暫時需要地球供應，它們當然也有法子在太空中解決，後面會告訴你方案。不過，在這兩個問題充分解決前，太空城的規模可能還無法擴大。

10 ▶ 移民從此開始

在航太專家的設想中，最小的太空城被設計成輪胎狀，不停地沿軸自轉，輪胎內壁上會產生重力效果。人在裡面可以像在地面上一樣行走，甚至奔跑。由於離心力與半徑成正比，越走向輪軸中心部位重力就越小，直到最後進入零重力區。

這個輪胎的直徑有多大？ 2 公里！其中能提供人造重力的胎環直徑就有 200 公尺，僅僅稍小於鳥巢體育場的長度，這就是你在《極樂世界》裡看到的那種太空城。太空女性來到這裡，才第一次能夠穿裙子，用粉餅化妝，在失重狀態下，這兩樣都做不成。

更大的太空城要設計成筒狀，也是沿軸心自轉，頭朝軸心，腳踩在筒的內壁，就可以感受到人工重力。不過，你不用擔心一抬頭就看到對面某個人的腦袋，這種筒狀太空城直徑會有 3 公里！在電影《星際效應》的結尾處，主角就來到木星附近的這樣一座太空城。

當然，形成重力並非建造太空城的目標。地面上就有重力，何必在太空中費勁重現？太空城的無重力環境更重要，它會達成地面上達不到的成果或者效率。所以，太空工廠和

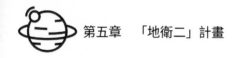

實驗室設置在太空城的低重力區或者零重力區，人工重力更多是為人們生活提供便利。

太空城可以建造得異常龐大，與它們相比，目前地表上的最高建築哈里發塔只能算是玩具，這是太空低重力環境所賦予的優勢。在地面上建造很高的建築物，為了承重，必須把結構築造得很厚實，而在太空，建築外殼的主要作用是防止空氣溢出，擋住宇宙輻射，主體結構要保證在自轉時不撕裂，也用不著多麼厚實，所以，太空城的質量遠比地面上同等容積的建築輕巧。

身為宇宙迷，你一定看過阿波羅飛船登月艙的照片吧？它看上去怪模怪樣，因為那個艙就是用金屬箔製造的外殼。在低重力的月球表面，艙壁不需要那麼厚，太空城也是如此。

如果再提升太空城的質量，它自身的重力就開始發揮作用，只能建造成球形。在《銀河英雄傳說》裡，田中芳樹用大量篇幅描寫了一座太空城──伊謝爾倫要塞，這便是一座球形太空城，直徑 60 公里，內部隔為數千層，可以養活 200 萬官兵和他們的 300 萬親屬，有學校、醫院、運動場、淡水廠和人造森林，構成一座能容納 500 萬人的大城市，靠著內部的人工生活環境和食品系統，伊謝爾倫完全自給自足，這是太空城設想的極致。

在地球附近建成伊謝爾倫那麼大的太空城，可能遠在一兩個世紀以後，但是實現建造一座輪胎狀太空城的夢想卻並不遙遠。有了輪胎狀太空城，大規模太空移民計畫才算真正開始。

是的，人類不是移到某個星球表面，而是移入太空城市，這些人從事高附加值的工作，科研、精密生產、製藥，還有藝術行業。是的，雖然像列昂諾夫這樣的太空人就能夠繪畫，但還沒有純粹的藝術家被邀請進入太空。

宇宙開發初期，藝術家還是閒人。到了太空城建造完成之後的階段，就會有職業藝術家成批入駐。畢竟，宇宙本身就能激發創作靈感。

第六章
開發地球伴侶

　　月球，古往今來，它是多少神話的素材，多少詩人的嚮往。不久以後，人類將在那裡寫下更為壯麗的詩篇，建起一座座新廠和一片片新城。

　　然而科學已經告訴我們，那裡沒有空氣，沒有水，甚至除了黑、灰、白，沒有其他的顏色。如何在這片死寂中開闢出生命的家園？請大家在下面這章裡尋找答案。

01 ▶ 父子、母子還是伴侶？

　　45 億年前，太陽系裡胡亂地飛翔著幾百個「星子」，它們軌道交錯，經常彼此碰撞，或黏合在一起，或分裂成碎片。

　　在那個混亂年代，地球的胚胎已經形成，但沒有今天這麼大。一個估計有現在火星大小的「星子」和原始地球狠狠地撞在一起，「火星撞地球」？是的，這種事可能真發生過。

　　這兩個「星子」都處於融熔狀態，不是剛體，更像兩團正在變乾的膠泥。這樣撞在一起後，兩個星子的大部分混合起來，形成了我們腳下的地球。是的，如果剝開厚厚的地殼，下面仍然是一大團膠泥狀的物質。

　　撞擊的同時還迸發出無數碎片，聚集在地球附近的空間。很可能先形成類似土星行星光環的那種環，在重力作用下，碎塊們逐漸聚集，黏合起來，最終形成了月球。

　　按照這種假說，月球是地球遭遇大災變的結果，它們是父子關係。不過，這種假說在 1976 年才出現，被天文學界普遍接受的時間更晚。所以，我小時候聽說的月球起源故事是另外兩種。

　　第一種假說認為，月球是一顆獨立的「星子」，被地球的引力俘獲，從此就在這裡旋轉。如此一來，地球和月球是伴侶關係。另一種假說認為，地球最初是一個融熔狀態的「星子」。由於自旋太快，把一部分甩出去，這部分形成了月

球。照此說來，地球和月球是母子關係。

沒人能穿梭回過去為原始地球錄影，也沒人能在實驗室裡複製這些過程。甚至，天文學家還沒能在其他星系觀測到這麼大規模的天體撞擊，所以它們都還是假說。不過，現在「父子假說」逐漸代替「伴侶假說」和「母子假說」，成為地月系統起源的主流。

以 21 世紀初的技術在月球建設工業基地並不可行，需要海量的能源，才能把一件件機器設備投放到月球，但是，如果人類透過「地衛二」計畫，從小行星那裡獲取初步供給，分擔地球的後勤壓力之後，就可以考慮開發月球這個伴侶了。

如今，各國已經有不少月球規畫。美國推出了「深空門戶」，計劃在月球軌道上長期駐留一個太空站，為各種深空飛行任務提供中轉和通訊服務，還計劃在 2024 年讓太空人重返月球，並建設月球 4G 網。

然而，與未來的月球大開發相比，這些都只是前哨戰而已。

02 ▶ 月球發電站

能量是開發的第一步，開發月球必須有電才行，而在月面上發電，有著在地球上發電難以匹敵的優勢。月面上接受太陽能和在地球軌道中一樣，沒有塵埃和水汽的消滅，效率

極高。有人估計，月球每年接受的太陽能相當於人類年耗能的 2.5 萬倍。當然，不用考慮把這些電送回地球，它們要就近為工廠提供能源。

月面上不僅有永夜區，還有永晝區。由於自轉和公轉的關係，月球極地有個別地方永遠有陽光照射，意味著在那裡太陽能發電可以全天候進行，這些地方就可以作為率先建立人類基地的選擇區。

不過，這類地點可能遠離有工業潛力的地方，大部分月球工作點會處在有晝夜分別的地方。以「嫦娥三號」和「嫦娥四號」為例，如果進入夜間，它們的整個系統就會處於休眠狀態。

我們也可以採用一些方式形成持續供電。一是在月球軌道建設太陽能電站，發電後用微波方式向月面工廠供能。二是用更簡單的方式，在月球軌道架設反射鏡，在黑夜裡照亮工廠的太陽能發電站。

不過，太空飛行器繞月飛行只能在低軌道進行。軌道提高到一定程度，地球引力就大於月球引力，就會把太空飛行器拉向地球，這導致月球上空不存在同步軌道。無論是太陽能電站，還是反射鏡，與月面工廠之間的位置會不斷變化。彌補的方式是建設若干個衛星太陽能電站，或者太空反射鏡，以中繼方式不間斷地向固定地點供能。

月球工廠不會都集中在一起，所以，同一個衛星太陽能

電站或者太空反射鏡，也會為不同的月面目標供電。

　　還有一種方法，就是把小型工廠直接安置在車輛上，繞月面行走，且始終讓車輛保持在陽光下繞行。月球一畫夜約相當於地球的 28 天，表面重力又低。有人計算過，太空人穿著太空衣不停行走，就能讓自己保持在向陽面，更不用說機械車輛。

　　當年美國準備「阿波羅計畫」時，曾經研發過一種巨型月球車，9 公尺長，3 噸重，全封閉狀態下，兩名太空人可以在裡面生活兩週。樣車製造出來後發現，把它發射到月球就需要一枚土星五號，所以才換成後來那種能折疊的小巧月球車。

　　不過，未來月球工廠仍然可以恢復這個設計，建造用於工業生產的巨型月球車，它可以自帶設備，一邊挖月壤，一邊出產品，它也不需要以勻速運動繞月面移動，而是可以根據月面的實際情況，時快時慢，有時繞行環形山，只要繞行一周不超過 14 天，就能保持在向陽面。

　　工業月球車主要以加工月壤或者氧化鐵為主，這些資源基本上平均分布於月面，並且以電融方式來加工，不需要很多空間。

　　如今太空飛行器上用的太陽能電池板，只供應本身使用，沒有鋪設電線的問題。將來有可能在月面上建設統一的太陽能電站，再用電線傳導到附近的工廠、實驗室和生活

區。這些電線也不需要從地球上提供，而是直接從月壤裡提取鋁來製造。

　　有了導體，月球電線需要有絕緣體嗎？可能並不需要。地面上的電線包著絕緣體，是因為環境裡有流水，有小動物無意觸碰，都會導致短路，這些危險在月面上都不存在，太空人又必須穿太空衣才能外出行動，而太空衣就用絕緣材料製作。

03 ▶ 特殊能源

　　現在一提月球，就會提起氦 –3，它是一種什麼寶貝呢？

　　氦有八種同位素，只有氦 –3、氦 –4 是穩定的。地球上常見的是氦 –4，由兩個質子、兩個中子構成。而氦 –3 十分稀少，人類到目前為止只取得了半噸多氦 –3。然而，我們周圍的空間裡充滿了氦 –3，它是太陽熱核融合的產物，地球大氣層和磁場將它們遮罩，如此一來保障了地球生物的存活，但也使得我們失去了氦 –3 這種革命性的能源。

　　氦 –3 是未來可控熱核反應的主要推進劑，由於它發生熱核反應時不產生中子，很容易控制，所以被視為最好的可控核融合推進劑，而月面就是一個氦 –3 礦，月球沒有大氣層，氦 –3 飛到那裡，便進入土壤保存起來。幾十億年累積到今天，科學家估計月面已經有 100 萬噸氦 –3 ！照目前的能源消耗量，1 噸氦 –3 產生的電能就夠全中國用一年，如果要夠全世界使用，也不過數噸氦 –3 而已。

當然，隨著時間推移，人類的能源消耗越來越大，但即使考慮到這個因素，月球上的氦–3也夠我們用幾千年。而在那個枯竭日到來前，人類還可以到水星和木星上採集氦–3。

不過，派太空船將一批人和一堆機器運到月球開礦，再把它們運回來，這樣做在經濟上划算嗎？能源專家在研究各種能源採集時，會使用一個叫「能源償還比」的指標，就是採集到的能源與投入的能源之間的比值。這個數字越高，採集工作越經濟。

人類最熟悉，也是最早開發的煤，能源償還比才只有16，也就是說，我們每採16噸煤，必須投入相當於1噸煤的能源，而氦–3的能源償還比是多少？250！人類每投入一份能源，就能收回250倍的能源，從石油、天然氣到太陽能，還沒有哪種已知能源能望其項背。

除了發電，月球上的陽光可以直接作為能源使用，方法是透過集熱光纖。用於通訊的光纖大家都見過，其中的光以傳遞資訊為主，能量很小。集熱光纖則以導熱為主，透過光纖將高熱光線從一端傳到另一端，溫度達到1,150攝氏度，足夠完成對月壤的燒結，或者對鈦鐵礦的熔煉，它也可以切割一些材料，發揮廉價雷射的作用。

除了太陽能發電，月球基地也可能使用核電，美國巴特爾能源聯合公司就在研究能在月球與火星上使用的微型核電站。

月球上的冰也是能量資源。2010 年，印度的「月船一號」探測器在月球北極發現了水的存在，估計會達到 6 億噸。目前看來，月球南極點的沙克爾頓撞擊坑也是水冰的儲存區。除了極地的水冰，月壤裡包含大量結晶水合物，透過化學方式可以將水分解出來。

這些水除了供人類飲用、供月球農場生產，還可以電解成氫和氧，用於火箭推進劑。

04 ▶ 從月壤起步

幾乎每篇介紹月球採礦的文章，都說要把月球資源帶回地球，其實除了氦 –3，並不需要這麼做。到目前為止，月球上只有 5 種礦物在地球上沒發現，但在月球上也只有微量，所以不具備開採價值。月球開發的意義是替代地面補給，並為下一步的深空開發提供資源。

儘管「阿波羅計畫」只撿回幾百公斤石頭，但是科學家分析後認為，月球表面是有金屬的。月球自形成後，被無數小行星撞擊過，其中百分之幾是金屬小行星。撞擊發生後，這些金屬就深埋在撞擊點之下。

月球上沒有地質運動，所以儘管過了幾億年到幾十億年，它們都還留在原地。好好勘察環形山，我們便能從下面找到游離態的金屬，透過簡單的融熔分離，這些金屬就可以為我們使用。

不過，月面最有用的資源是月壤，它是岩石億萬年碎裂後形成的粉塵。不用特別尋找，月面幾乎到處都有，月壤裡面的二氧化矽和氧化鋁含量均達到普通建設陶瓷的要求，這意味著我們可以直接將月壤做成建築用磚。在地球上燒磚或者攪拌水泥，都需要用水，月壤則可以使用微波燒結法加工成塊，前提是月球電力資源極為豐富。

月壤還可以作為 3D 列印的優質材料，用來直接建造月球上的基礎設施。也正因為月球電力豐富，月壤可以製造玻璃纖維，這個過程不需要水。玻璃纖維可以作為增材製造的原料，未來在月球上，可能很多生活用品甚至建築材料都會使用玻璃纖維。

用月壤加工的玻璃、建築陶瓷或者磚塊，由於完全不使用水，不需要晾晒，固化時間比地球上快得多，所以可以大量節省加工時間。

由於月壤就是採礦目標，所以在月球上採礦很少需要勘探礦脈、放炮鑿洞，也不需要冒著坍方的風險。月球採礦主要供月球工業使用，初期的需求肯定很少，採礦甚至可以由太空人人工完成，或者用配備機械臂的月球車完成，隨著需求上升，再從地面製造鏟車送到月面。

05 ▶ 月下廣寒宮

　　月面由於晝夜分別，所以乍冷乍熱，但是月壤導熱係數很低，挖下去 1 公尺就可以接觸到恆溫層，在那裡，溫度長期保持在零下 20 攝氏度左右，這相當於冷凍庫裡面的溫度，但並非不可承受。

　　除了環形山的山坡，幾乎整個月球都覆蓋著月壤，月海區平均 5 公尺厚，月陸區平均 10 公尺厚，它像一床厚被子，為底下的月面保溫。人類隨便找個地方挖下去，就能獲得恆溫空間，它同時也是低溫空間，除了人類居住需要的熱量外，其他地方保持低溫，有利於物資儲存。

　　如果在月壤下面建造小型定居點，人類還可以利用一種特殊的能源，那就是月岩熱能。月岩的導熱性能是月壤的 1,000 倍，也就是說，月岩很容易被晒熱，也很容易釋放熱量。在人類定居點上方鋪設形狀規則的月岩，白天時太陽直晒，可以把它們加熱到 100 多度，到夜晚再用機械裝置把它們降入地下，便可以釋放熱量。

　　還有一種興建月球城的設想，就是直接在環形山上面加蓋子。當然，我們暫時還對付不了直徑幾公里的環形山，但是體積有鳥巢這麼大的微型環形山，月面上也有不少，用月壤燒結後的玻璃覆蓋在上面，做好密封，下面就可以開闢出宏大的使用空間。

　　由於重力很低，這麼大面積的玻璃頂蓋，只需要很小的支

柱。沒有風和雨，一旦建成，玻璃蓋就不會沾染風沙，完全不用擦拭。這種帶頂蓋的環形山，是建設月球農場的最佳場所。

無論是開挖月壤，還是改造環形山，都還只是初期的規模，人類要在月面上獲得更大空間，還需要到下面去尋找月球熔岩管。

火山熔岩噴出後，一邊流動，一邊凝固，外層凝固時，內層仍然在流動，於是內層流走，留下一個管道，稱為熔岩管。

地球在遠古時期也形成過巨大的熔岩管，但是地球一直有複雜的地質運動，會把這些管道擠斷、擠塌、埋藏。地球重力很大，也會使熔岩管頂端不斷塌陷，所以，地球上只保存著幾公尺到十幾公尺的熔岩管。

印度的月球探測器已經透過遙測在月球赤道附近找到一片巨大的熔岩管，長 2,000 公尺，寬 360 公尺，能裝下一個城市的社區，類似規模的熔岩管還會發現更多。

在月面以下施工，有著地球上類似工程無法相比的優勢。在地球上挖隧道需要防止透水，因地下水進入工程面而遇難的工人多得無法統計，而這個問題在月球上完全不存在。

在地球上實施此類工程，需要做好支撐，防止坍方，這也是地下工程容易造成傷亡的主要原因，但是在月球上，由於重力小，坍方很少發生，即使發生，岩石也會慢慢滑落，人體有更充分的時間閃躲。

當然，在月球施工也有不利之處，其中最主要的是不能散熱。在月球施工必須使用導熱管，還要考慮好用什麼冷卻劑。這個問題的答案，很快我們就能看到。

06 ▶ 太空醫療

從加加林到現在，只有 500 多人到達太空，大部分也都是短期停留。當人類初步開始小行星開發和建設月球工業後，恐怕常駐太空的人數都不止 500 人，因此太空醫學也將會成為系統。

生活在太空會帶來不少健康問題，長期待在無重力環境，人的運動系統會萎縮，即使太空站有健身設備，也不能完全解決骨鈣流失等問題。太空人從太空站返回地球後，骨骼會老化幾十年，好在它是可逆性的變化，回到地球後花一段時間還可以康復。

太空中有高輻射，由於太空人的總數並不多，一時還難以看出是否會引發癌症，但是當樣本足夠多的時候，太空癌變可能會成為人們的關注焦點。

太空急救也會是一個大問題。由於缺醫少藥，所以當太空人受傷或者突發疾病需要搶救時，現在還必須返回地面才能治療。如果是導致昏迷或者導致行動不便的傷病，更是需要另外至少一個太空人陪同返回。

總之，出現太空急救事件，起碼需要占用一個返回艙，

而且現在的返回艙都是一次性用品，費用十分高昂。

雖然目前在太空中還沒有出現急救病例，但隨著太空活動規模的擴大、人員的增加，早晚會遇到搶救太空傷病人員的問題。

不過，太空環境也會有很多醫療上的便利。地面上的病人在移動過程中傷病可能加劇，而在零重力環境中，病人是飄浮在空中由醫生治療，尤其是燒傷病人，不用搬動身體，就可以治療全身的傷口。

病人在地面上長期臥床，會導致褥瘡感染，在太空中就不會有這個問題。在地面上，骨折病人需要打石膏，這樣必定導致行動不便，在太空中也不需要。

人體內有一種抑制癌症的基因，名叫「P53 基因」，它在零重力環境下的生長速度是在地面上的 5 倍，所以，有可能在太空中建造癌症病人的療養院。

月球重力只有地球的 1/6，對心臟造成的壓力會少很多，所以特別適合老年人生活和工作。目前除了因為登月過程還很複雜外，發射時加速度過大，也使得老年人在今天仍然不宜進入太空。

當空天飛機出現後，這就不再是問題，它從地面平行起飛，以普通人都可以承受的加速度進入軌道發射場，人們再從那裡到達月球。

未來的小行星工業，或者月球工業，可能更適合經驗豐

富的老年科技工作者，那裡節奏緩慢，沒有風雨雷電，月面和太空都是一片寂靜，沒有地球城市裡的雜訊汙染。只要給養充分，小行星的環境很適合養老，老科學家們可以一邊工作，一邊把月球當成療養院。

07 ▶ 交通樞紐站

當年的 6 次阿波羅載人登月，太空人們要在坑坑窪窪的月面上著陸，又沒有空氣可供滑翔，只能使用反衝火箭，他們能夠在著陸時一次都沒翻倒，其實是創造了不小的奇蹟。

多年以後，太空人再次光臨月球，就不會再冒這樣的風險，著陸場必定排在建設項目的最前列。將月壤加工成磚塊，再用雷射校準方式平整月面，就可以鋪設出一個著陸場，同時，它也是月球飛船上升段的發射場。

軟著陸都是垂直起降，這個場地不需要多大，有半個足球場已經夠用。使用人工場地，除了避免降落時側翻，還可以避免發動機羽流揚起月壤和沙礫，損壞附近的建築和設備。

月球也有重力，但克服月球重力消耗的能量比地球上小得多。阿波羅登月時，飛船都由「土星五號」發射，每次使用 2,723 噸推進劑，進入地月軌道時，整個飛船加起來約 45.7 噸，推進劑是載荷的近 60 倍！

而當登月艙的上升段從月球起飛時，它的重量只有 4.7

噸，其中有 2.35 噸是推進劑，推進劑與載荷的質量比接近
1：1。

也就是說，以現在的技術，從月球上發射物體，所用的
推進劑只是在地球上所用推進劑的 1/60！如果一家月球工廠
和一家地球工廠生產同類產品，且都向太空某處供貨，月球
工廠有絕對的優勢。

當然，阿波羅登月艙上升段使用的 2.35 噸推進劑要從地
球上運過去，為了把它們送到月球，又得消耗 141 噸能源！
所以在月球上建工廠，必須就地解決火箭能源問題。好在那
裡有冰，可以把冰融化後電解成氫氣和氧氣，再加工成液氫
和液氧，那就是優質的火箭推進劑。

另外，氧氣在零下 183 攝氏度時液化，氫氣在零下
252.77 攝氏度時液化，而科學家已經在月球極地環形山的陰
影裡記錄到零下 250 攝氏度的低溫，那裡是目前太陽系裡發
現的最冷的地方，這意味著在月球上儲存液氧和液氫幾乎不
消耗能源。當然，月面大部分地方不會這麼冷，但是只要建
起遮陽板，利用天然冷源搭建一個倉庫就行。

不過，月球已探明的冰的總量只有數億噸，人類能夠開
採幾千萬到一億噸就不錯了，月球本身這點水只能提供初步
開發之用。

根據資源分布的情況，月球基地會分散各處，彼此之間
有交通需求，如果距離較近，可以使用特種車輛。在月球不

大可能鋪設道路，現在這些以輪胎前進的車輛支持不了長途運輸，所以，月球車多為輪腿式和爬行跳躍式，以適應月面崎嶇不平的地形，這種車輛的技術難題在於重心忽高忽低，這個問題目前正在克服中。

如果距離較遠，要使用噴射式巡飛器，月球沒有空氣，無法使用機翼，這種巡飛器透過向下和向後方噴射氣流，在月面上移動。如果距離更遠，只能先飛入軌道，再從另一端下降。

08 ▶ 月球觀測站

工業不僅為科學形成需求，也為科學提供新方法，讓更多的設想成為可能。按照這個規律，宇宙開發的每一步都要為科學研究預留位置。

月球就是一個重要的科研基地。早在 1969 年阿波羅載人登月時，就在月面上留下一件科研儀器，學名「隅角鏡」，它可以把地球發射過來的雷射變成完全平行的光束，反射回發射源。

在那之前，科學家也用向月球發射雷射的方式來測距，但是月球表面凹凸不平，雷射照到後只能形成漫反射，精度極低。月面上有了「隅角鏡」，就可以精準測距，測距精度達到驚人的幾公分，科學家已經透過它發現，月球每年以 3.8 公分的速度遠離地球。

2013 年，「嫦娥三號」著陸月球後，月基光學望遠鏡便開始工作，這是人類第一個依託其他天體的天文探測工具。

　　地面上的望遠鏡會受大氣層干擾，所以要到 150 公里高處才便於觀察，以前只能透過高空氣球做短時間觀測，而這臺望遠鏡則可以長時間觀測，並且，月球自轉一周需要 28 天，這意味著月球上的望遠鏡可以花幾百個小時連續跟蹤同一個天體，這是在地面上不具備的優勢。

　　月球正面始終對著地球，也是進行地球監測的有利場所，在那裡監測近地小天體，也比地面更有優勢。

　　把科研儀器放到月球上，得到的便利條件不少，需要克服的困難也不少。月球晝夜溫差有 300 多攝氏度，著陸器上要建立溫度調控系統。強烈的宇宙輻射既是某些觀測的目標，其本身也會損害儀器設備，需要做好遮罩工作。

　　另外，對月球表面進行細部的科研活動，也必須降落到月球上才行，在軌道上畢竟只能走馬觀花。例如「嫦娥四號」降落的艾特肯盆地，是目前太陽系內已發現的頭號撞擊坑，當年小天體撞擊時，把很多月球內部物質暴露出來，對於研究月球結構有很大的科研價值。

　　月球表面物質的成分，也是必須採樣才能研究的。迄今為止，美國帶回 300 多公斤月岩和月壤樣本，蘇聯帶回 290 克樣本，中國「嫦娥五號」返回器帶回 1,731 克樣品。人類對月球物質的實際研究，只能依靠這麼少的樣本。

所有這些加起來，不過就是地面上一次礦產勘測的樣本量。美國太空總署後來使用撞擊法，在軌道上研究撞擊形成的塵土，也獲得了一定進展，但始終比不過真正在月面上進行研究的效果。

月球熔岩管是另外一個考察目標。據推測，由於低重力，月球可能會保留著上千公尺直徑的巨型熔岩管。月球和地球成分差不多，但比重低於地球，很大程度和內部結構空心化有關。不過，儘管能夠用雷達方式發現一部分空心結構，但必須在月面上尋找，甚至深入下去。

09 ▶「月痕」新資源

除了氦–3、氧化鐵這些實實在在的資源，月球上還有文化娛樂資源！

有兩位航太工程專家聯手創作了一篇名為〈基於月痕資源的月球開發新體系構想〉的論文，在文中，他們提出全新的見解，月球也可以變成遊戲場！

他們認為，像「阿波羅計畫」那樣靠國家推動月球的工程難以為繼，而如果想吸引商業資本，現在這些有形資源都沒有說服力。但是，人類社會生活在這幾十年裡發生了巨大變化，無形資源和虛擬遊戲大受歡迎，那麼為什麼不在月球上開發虛擬資產呢？

他們把目標放在月壤上。大部分月面覆蓋著月壤，人類已經在那裡踩出無數個腳印。由於月球上沒有空氣，月壤上的痕跡能保存數千萬年，兩位專家把這些痕跡稱為「月痕」，他們認為它可以當成一種新資源來開發。

阿姆斯壯和他的同伴們並非有意製造月痕，現在卻不同，我們可以向月球發射「印痕機器人」，它們著陸後，人類透過地面控制讓它們刻畫出各種「月痕」，而這個控制權再按照時間為單位來發售。屆時，人們可以寫「某某到此一遊」，也可以寫詩作畫，商業公司可以刻出廣告，公益單位可以寫標語。

著陸器位於「月痕場」中央，即時拍攝，把訊號傳回地球。「月痕」視頻歸私人所有，可以加工成各種紀念品或者視頻節目。兩位專家還構想出「遙物權」的概念，讓人們在地面上轉賣 38 萬公里外的「月痕」。

如果還要增加技術含量，可以再發射 3D 印表機。月壤是優質的 3D 列印原料，地面消費者自己建模，發送到月球，讓印表機用月壤形成雕塑，永久保留在原地。著陸器還可以攜帶全景攝影機，把月面景色傳輸回來，付費者戴上 VR 頭盔，透過攝影機進行虛擬觀光。

這些技術能實現嗎？當然可以，「玉兔號」上的機械臂就由地面控制，精度可以達到公釐，足夠進行細微雕刻，這臺月球車總共工作了 972 天。假設這就是「印痕機器人」的

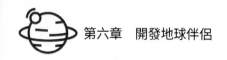

使用壽命，除去休眠時間，把工作時間按分鐘來發售，每分鐘不超過 1,000 美元，這完全是平民價。

發射一臺純粹娛樂用的機器人，需要多少成本？其實，航太事業早不再是無法觸及的高額事業。

所以，規模大的企業完全可以買火箭，租發射平臺，率先打造月球實景互動遊戲，一旦成功，就需要製造越來越精確的遙控機器人和遙控 3D 印表機，最終，它們能用月壤建造房屋，這樣下一批太空人降落後就有落腳之處了。

10 ▶ 同時去水星

離地球最近的行星是哪一顆？金星？其實並非如此，金星只是軌道離地球軌道最近，但由於各自公轉週期不同，水星在多數時間比金星離地球更近！

這要了解一個叫「會合週期」的知識，簡單來說，就是兩個天體要多久才運行到彼此距離最近的地方。火星與地球的會合週期是 779.93 天，所以現在考察火星，要等兩年一度的「火星大衝」。金星離地球最近為 4,050 萬公里，但也要每 583.92 天才能交會一次。

相比之下，水星離地球最近為 7,700 萬公里，但每 115.93 天便交會一次，大部分時間裡，地球距離水星都比金星要近。

然而，受科研導向的影響，人類考察水星卻並不積極。

一方面是那裡似乎找不到重要的科研課題，水星沒有大氣，沒有生命，表面形態和月球差不多，對探索太陽系的形成貢獻不大。另一方面，水星引力很小，在它周圍的太陽引力很強大，由於「近快遠慢」的規律，水星也是八大行星裡公轉速度最快的，是地球公轉速度的 1.6 倍。

所以，飛船稍不留神就會掠過水星，被太陽俘虜。目前考察水星的飛船要經過幾次引力彈弓效應，不斷調整速度，才能變成水星的衛星。美國的「信使 2 號」不斷飛過地球和金星，反覆使用引力彈弓，花了 7 年時間才成為水星的衛星。相比之下，第一個人造金星衛星，蘇聯的「金星 9 號」花了 4 個多月就已到達目的地。

然而，這只是在地面使用化學火箭推進的結果。電噴火箭可以長時間減速制動，完全不用繞來繞去，在兩星會合時，每秒百公里的等離子火箭算上加減速的時間，只需要 12 天便能到達目標。

問題在於，人類去了又能幹什麼？水星上最大的資源就是氦 –3。由於更接近太陽，單位面積接受的太陽輻射更大，並且水星也比月球大一圈。綜合一算，水星上的氦 –3 是月球上的 4 倍。

當然，它的向陽面有 400 多攝氏度，人類無法工作，所以只能在它的背陰面開採。此時，人類已經擁有在月球上開採氦 –3 的全套技術，可以把設備壓縮到車輛上。由於一個水

星日長達 176 個地球日，這些開採車可以慢慢移動，永遠將
自己保持在背陰面。而其能量，則由水星軌道上的太陽能發
電站透過微波來傳送。

　　不過，水星表面和月球類似，沒有完全平坦的地方。開
採車有可能不使用輪胎，而是製作成蜈蚣形狀的「自動步架
車」，藉由很多對長長的、可彎曲或者延伸的腿，翻坡、越
溝，繞過環形山。

　　另外，水星也和月球一樣，在某些環形山的永夜區保存
著冰，最樂觀的估計能有 1,000 億噸，遠遠超過月球，完全
能供養一個不大的採集廠社區。

　　在這個環繞水星的開採場上，可以每隔數百公里開挖一
個地下基地，收存成品，並且儲備給養，它們還是水星和其
他地方的交通站。由於沒有空氣，要使用化學推進劑把成品
送出去，再把給養送進來，花費不會少，但由於氦 –3 是附加
值極高的商品，這樣做仍然有經濟價值。

　　將開發水星的內容放到本章，是因為無論資源目標還是
地形地貌，水星都與月球高度相似，在月球上成熟的開發技
術，同樣適用於水星。

第七章
最近的樂園

往裡還是往外？這是一個問題。

開發太陽系是一局完整的棋，每一步都要為後面的步驟鋪路，以此為標準，人類從地月系統出發的下一個目標，可能大大出乎你的意料，但如果讀完這一章，你又會發現，它仍然在情理當中。

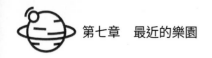

01 ▶ 頭號目標非火星

移民火星！

2013 年，荷蘭有家名叫「火星一號」的公司開業，向有志移民火星的人徵收 11 美元報名費，並且聲明只提供單程機票！即使這樣，據稱全球也有 8 萬人報名。

如果把「移民火星」改為「移民金星」，可能一個報名的人都沒有，反而會覺得發起人簡直沒有常識。金星表面的溫度能夠熔解鉛，壓力相當於 900 公尺的海水之下，空氣中到處飄著硫酸霧，誰會住在這種鬼地方？

然而，誰說移民金星就必須要站在它的地面上？打破這個慣性思維後，你會發現金星才是地球之外最現實的移居地。

目前這種金星冷，火星熱的輿論，科學導向發揮了很大作用。科學家考察外星世界，尋找生命是一個重要目標，當他們發現金星表面不大可能有生命時，就撤回了關注，現在提倡去火星，也是因為那裡還有可能找到生命。

然而，如果換成工程導向，主要考慮某個天體能為人類帶來什麼，那麼，金星遠比火星有價值。

能源是開發之本，太陽系內，單位面積上的太陽輻射量與距離平方成反比，所以，火星接受的太陽輻射僅是地球的 43.3%。當然，現在的火星車也配備太陽能電池板，但只是維持幾件小儀器而已。

除了太陽能，火星本身沒有什麼能源，雖然經常起風，但由於空氣過於稀薄，風能發電的效率也不高，所以，開發火星，就得由地球供應能源，甚至要源源不斷地供給。

金星和火星的空氣成分類似，都以二氧化碳為主。有陽光、有二氧化碳，就能靠光合作用生產氧氣和食物。在科幻片《絕地救援》裡面，主角就在火星表面以種馬鈴薯為生。然而，火星空氣濃度只有金星的 1/19150！太陽常數只有金星的 1/4。兩地相比，光合作用的效率高下立判。

當然，由於金星表面濃雲密布，地面上實際接收到的太陽能遠低於地球。金星大氣之所以那麼熱，是由於有溫室效應在幾億年積存起來的熱量。不過還是那句話，誰說人類一定要站在金星地面？

火星表面的重力只有地球的 1/3，長期生活在火星上會帶來生理問題。在科幻片《愛上火星男孩》中，主角出生在火星，成長在火星，只能適應火星重力，當他回到地球後，就像天天背著沙袋生活，最後因為心臟疾病，不得不返回火星。相反，金星重力是地球的 83%，長期生活在金星表面對人類身體影響不大。

從距離上看，金星也要比火星離我們近得多，地球到火星最近為 5,500 萬公里，最遠超過 4 億公里，所以現在考察火星，都要等兩年一度的視窗期，也就是兩者距離最近的時期。

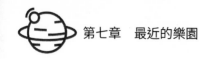

地球到金星最近為 4,050 萬公里，最遠為 2.54 億公里，現在的飛船到達金星也只需要 100 多天，隨著電噴火箭加入現役，十天半個月到達金星將不是問題。

02 ▶ 曾經熱鬧非凡

其實，早在 1962 年 12 月 14 日，美國的水手 2 號探測器就掠過金星，使它成為人類第一個近距離探測到的行星，而直到 1965 年 7 月 14 日，水手 4 號才代表人類第一次光顧火星。由於金星離地球最近，科學家早早就把它當成考察目標。

在宇航界，金星還有個綽號，叫作「俄羅斯的行星」，因為蘇聯向金星發射的探測器最多，也只有他們的飛船成功著陸過金星。

早在 1961 年 2 月 12 日，蘇聯就搶在美國人前面發射了金星 1 號，不過它在太空中失聯，人們推測它只是從金星附近 10 萬公里的遠處掠過。

1966 年 3 月 1 日，位於金星軌道上的金星 3 號朝金星表面投下登陸器，裡面還很誇張地放了一枚蘇聯國徽。可惜，這個著陸器在金星大氣中損毀了，什麼資料都沒傳回來。當然，這個金屬物體不管損毀成什麼樣，肯定已經墜落到金星表面，於是，它也就成為第一個撞擊其他行星的人類太空飛行器。

1967 年 10 月 18 日，蘇聯的金星 4 號再次挑戰魔鬼環境，這時，科學家已經知道金星大氣能產生強大氣壓，但不知道氣壓究竟有多大，就將金星 4 號設計為能抵抗 25 個大氣壓。當然，它也在空氣中報廢了。

　　科研人員根據這些教訓，著手設計新的著陸器，他們把抗壓能力定為 50 個大氣壓，當方案呈報上級時，總工程師大膽地改為 150 個大氣壓！

　　事實證明這是對的，1970 年 12 月 15 日，金星 7 號再次進入金星大氣層，由於降落傘破裂，軟著陸變成了硬著陸，但是在最後瞬間，它仍然發回了 1 秒鐘的資料，自此，人類第一次知道金星表面有 92 個大氣壓！

　　1975 年 10 月 20 日，金星 9 號終於順利著陸，在 485 攝氏度的熾熱中，它堅持了 57 分鐘，第一次發回金星表面的照片。

　　相較於金星考察中的輝煌，蘇聯發射的火星探測器遠不如美國成功，今天人們重火星，輕金星，可能和蘇聯解體也有一定關係。畢竟國力衰退，也就沒有能力宣傳曾經的業績，其他國家的人只好天天聽 NASA 談他們在火星上的成功史。

　　進入 21 世紀，人類只向金星發射過兩次探測器。一個是歐洲的「金星特快車」，它於 2006 年 4 月到達金星。另一個是日本的「拂曉號」，它於 2015 年 12 月 7 日進入環繞金星

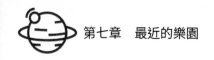

的軌道。這兩個探測器都沒有貿然登陸，而是停留在軌道上做觀察，所以前者堅持了 500 天，後者工作了兩年。

「金星特快車」於 2015 年墜落後，只有「拂曉號」孤獨地在金星軌道上旋轉，而現在火星軌道上卻有 6 個軌道飛行器。與火星探測的熱鬧相比，本身溫度更熱的金星反而長期遭到冷落，以至於現在年輕人寫科幻小說，都沒人選擇金星當做背景，相反地，火星故事一抓一大把。

03 ▶ 金星仍然有「天堂」

「腳踏實地」這個詞可以作為人生準則，但不能作為宇宙開發的準則，人類大型設備所到之處，哪裡都可以是家園，也包括金星。

西元 1761 年 6 月 6 日，俄國科學家羅蒙諾索夫按計畫觀察「金星凌日」，也就是金星從太陽表面掠過的天文現象，從望遠鏡裡，他看到金星被一層圓形光暈所籠罩，他推測，這一定是陽光穿越大氣層發生的現象。

這是人類第一次觀察到金星大氣，未來，它也是人類遠征金星的主要理由。

在地球上要造載人氣球，需要在裡面灌上氫氣或者氦氣，而人卻不能呼吸這些氣體。如果使用熱氣球飛行，人也無法待在熱空氣裡，無論哪種氣球，人都只能坐進下面的小吊艙。著名的「興登堡號」飛艇長達 240 多公尺，是人類製

造的最大飛行器，最多時只搭載 97 人，不如一架波音 737。

　　然而，二氧化碳比空氣重，金星大氣濃度又是地球的 90
倍，所以在金星上，只要往飛艇裡面充入普通空氣，就能飄
浮在 50 公里高的位置上，人類可以直接在氣囊裡生活和工
作，充分使用巨大的空間。

　　而這裡已經位於金星雲頂上方，終日可見陽光，這個位
置的溫度只有 70 多攝氏度。在地球上，伊朗東南部的盧特沙
漠曾經測到 71 攝氏度的高溫，所以這個溫度也不算很變態，
以人類現有的技術，完全可以做到隔熱降溫。

　　金星大氣頂端沒有雲層阻擋，在此建造一座雲城，太陽
能是雲城最重要的能量來源。提到太陽能，大家一定會聯想
起一塊塊堅硬的太陽能電池板。如今的太空飛行器都還要架
起電池板，難道雲城上面也要豎著一排排太陽能電池板？

　　其實，人類已經掌握了薄膜太陽能電池板技術。現在，
銅銦鎵硒薄膜太陽電池的轉化效率超過 21％，不亞於電池
板。相信在將來，光電材料轉化效率還會進一步提高。

　　薄膜太陽能電池可以捲起來運輸，或者直接覆於氣囊表
面，充氣時一併展開。在氣囊表面貼著太陽能薄膜，除了形
成電力，還可以阻擋陽光，可謂一舉兩得。

　　早期太陽能電池只能利用直射光線，如今，人類已經掌
握了可以轉化散射光的光伏技術。金星雲層反照率極高，照
耀著雲城下表面，所以，金星雲城整個外表面可能有 90％都

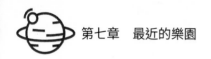

貼著太陽能電池膜，留下 10% 使用透光材料，能透入陽光，但是可調節強度，以減少光線直射帶來的危害。

俄羅斯在重返金星方案中，計劃向金星大氣釋放氣球，上面攜帶微探針，每飛行一段距離，就向下投放一枚探針，這樣可以探測很大一片金星表面，而不只是在著陸點拍幾張照片。

美國太空總署計劃中的下一次金星探測，也準備使用氣球在大氣裡探測，而不是著陸，他們計劃的首次載人金星考察，更是要把一個飛艇折疊起來帶到金星周邊，投入金星大氣後展開，飛艇可供兩名太空人生存一個月，然後再乘軌道上的飛船返回地球。

很多民族神話中都有「天宮」或者「天堂」的概念，它們都被設想在雲層上方。在金星上，人類將成為活神仙，終日居住在雲上的城市裡，這裡不僅是整個金星上最宜居的地方，還有可能是整個太陽系裡除地球外最宜居的地方。

04 ▶ 二氧化碳產業鏈

然而，我們為什麼要捨近求遠，跑到金星上居住？難道就是為了晒太陽？

在科幻片《帝國大反擊》中，有一座名叫「貝斯平」的雲城，它便是終日飄浮在雲層上，採集雲中的某種礦產。電影裡沒說明那個雲層裡有什麼寶貝，以至於要興師動眾建造

一個飄浮採集廠，不過，金星雲城會有明確的採集目標，那就是二氧化碳！

是的，現在幾乎人棄鬼嫌的二氧化碳，其實有很多工業用途，像乾冰製冷、滅火劑、舞臺效果等大家熟悉的功能，只是極小一部分，二氧化碳還可以用於製作尿素、純鹼和飲料，大棚農業裡還要使用二氧化碳做氣肥。

二氧化碳還可以做超臨界萃取，在溫度高於臨界溫度、壓力高於臨界壓力的狀態下，二氧化碳會成為密度近於液體、黏度近於氣體的物質，擴散係數為液體的 100 倍，具有超級溶解能力，用它做溶劑可以萃取很多物質，該技術主要用於生產高附加值產品，提取其他化學方法無法提取的物質，而且廉價、無毒、安全、高效。

地球大氣中的二氧化碳含量只有 0.04％，雖然這個量足夠令地表升溫，但是用於工業原料卻遠遠不夠，以至於工業上要使用二氧化碳，還得從石灰石中提取，甚至，把工廠廢氣中的二氧化碳收集起來再使用，成本也仍然極不經濟，這導致人類並未在地球上發展以二氧化碳為基礎的工業。

進入太空，二氧化碳的用途就更多了，其中一個就是用於「冷汽輪機」的工作介質。注意，這裡說的是「冷汽輪機」，不是「冷氣風輪」。

在全球發電量當中，火電與核電仍占 70％以上，它們都需要把水加熱成蒸汽，驅動汽輪機轉動。其實，並非只有水

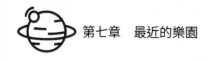

可以做這件事，只要把一種物質由液態變成氣態，由於體積
迅速膨脹，都可以實現類似功能，只不過在地球環境裡，以
水為介質最經濟。

　　而在寒冷環境裡，二氧化碳是更為良好的介質，它的
沸點是零下 78.5 攝氏度，把物質加熱到零下 78.5 攝氏度，
所需要的能量遠小於把物質加熱到 100 攝氏度，所以在內太
陽系之外，陽光輻射很少的地方，人們會重新使用汽輪機發
電，將陽光聚焦在乾冰容器上，讓它汽化後推動汽輪機。

　　乾冰顆粒昇華時膨脹近 800 倍，會產生巨大的推動力，
再從另一端由管道回收，重新變成乾冰。當然，在地球上做
這種循環，需要大量製冷劑，完全得不償失，但在嚴寒的太
空中就有利可圖。

　　與二氧化碳相比，氨的沸點是零下 33.5 攝氏度，但它有
腐蝕性，會損害機械結構。大部分氣體的沸點太低，會令機
械結構變脆，無法持續工作，相比之下，二氧化碳是太空發
電的重要介質。

　　二氧化碳在地球上就被用作冷卻劑，這項用途在宇宙中
會大大增加，在沒有空氣對流散熱的地方，乾冰是良好的冷
卻劑，太空冶煉、月壤燒結等作業，都需要乾冰製冷劑。

　　在月壤這類地方施工，要使用氣體挖掘技術，把噴口深
深地插入月壤，向裡面吹入高壓氣體，將月壤翻起來。小行
星表面也可以使用這種技術，這裡的氣體可以是任何氣體，

但是氧氣要用於呼吸，氫氣要用作燃料，所以二氧化碳最為適宜。

金星大氣中 94％ 都是二氧化碳，金星大氣質量又是地球大氣的 93 倍，所以，金星大氣裡二氧化碳的總量相當於地球大氣的 22.4 萬倍！在金星上，二氧化碳多到可以在地面變成超密度流體，像江河那樣奔流。因此，它是太陽系最大的二氧化碳礦。

05 ▶ 第一戰役

二氧化碳最重要的作用，當然就是光合作用，它可以用來製氧。

雖然建造雲城的設想非常好，但是要讓人類一開始便攜帶大量液化空氣到達金星，成本肯定很高，因此還得就地取材。

空氣中的主要成分是氮和氧。金星大氣本身有足夠的氮氣，雖然比例只有 3.5％，但由於金星大氣層總質量是地球的 93 倍，氮的總量仍有地球的 4 倍之多！那裡唯獨缺少的是氧氣。

首批跟著人類進入雲城的生物將是藍藻，它們是高效率的製氧生物，地球大氣曾經幾乎沒有氧，最早的氧都由藍藻製造出來。

第一座金星雲城要折疊起來，用降落傘投放到金星大氣

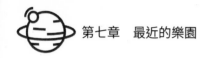

裡面緩緩下降，在這個過程中，它要直接吸收周圍氣體，透過壓力調節裝置減少其濃度，讓它們保持在一個大氣壓。這樣，雲城會自動浮上雲頂，也不再需要降落傘。

生命生長過程不可能離開水，藍藻也是一樣。金星是個乾燥的星球，雖然大氣層裡也有微量水蒸氣，但即使它們都凝結成水，只能在金星表面覆蓋二十幾公分，從大氣中過濾這麼少的水顯然很困難。更何況，這些水蒸氣基本都在金星雲層下端，也就是溫度數百度的地獄裡面。

不過天無絕人之路，「金星特快車」探測器觀察到了「水蒸氣噴泉」現象，它不是從金星地面下噴出地表，而是從地表附近聚集到一處，從低層大氣急速翻湧到高層大氣。現在，他們已經從金星阿芙蘿黛蒂高地山脈上空 4,500 公尺處發現了「水蒸氣噴泉」。

4,500 公尺在金星上完全不算高空，周圍溫度仍然很高，但這只是第一個「水蒸氣噴泉」，將來有望觀察到更多、更高的「水蒸氣噴泉」，我們可以期待其中的某一個具有開採價值，能抵禦兩三百度高溫的集水器下降到這裡，吸取其中的水分。

雲城成型後，又有了水和二氧化碳，人們就可以往裡面投放藍藻，當然，一開始數量很小。一個折疊的雲城和一批藍藻「種子」，這就是人類移民金星第一步要攜帶的主要物品，總質量只有幾十噸，甚至更少。

從此，藍藻在第一座雲城裡繁殖，將二氧化碳轉化成氧氣，再經過氣體調節設備，使得氮氧比例接近地球空氣，人類就可以分批入駐了。

藍藻有上千個品種，這些藍藻應該是可食用的品種，包括髮菜、地木耳、螺旋藻等，除了供氧，還能食用，一舉兩得。

由於不能大規模攜帶空氣，所以雲城建設要一座座來進行，無論哪一座，藍藻都是先驅者，當它們改造完一座雲城的空氣後，就被送到下一座，繼續完成其使命。

06 ▶ 太空糧庫

用藍藻成功改造空氣後，雲城就開始大規模種植其他農作物，將它們提供給太陽系各處。

農業將是金星上最大的工業，這聽起來有些彆扭，但事實如此。人類會在太陽系各處建設太空城，有月球基地、水星基地、小行星礦場、近地太空城，然而，金星雲頂可能是唯一適合大規模建設農場的地方。

想想吧，如果在月面上種植物，連二氧化碳都要運過去，並且還要小心翼翼地確保它們在物質循環時不外洩。火星上倒是有充分的二氧化碳，地層下面還可能有冰，但那裡的太陽輻射又太少了，比來比去，在金星上建農場最為適宜。

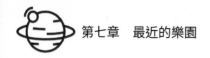

　　最初幾座金星雲頂農場盈利後，就可以擴建更多的農場。這時，藍藻會繼續充當開路先鋒，為後續建起的雲城改造內部空氣。

　　未來的金星農場將是長達一公里的氣囊，不過，由於當地太陽輻射強度太大，地球植物承受不了直接照射，所以，雲城表面大部分由膜狀光電池來遮光，小部分設置天窗，鑲嵌著可調節光度的透光材料，可開可關，調節透光量和角度。

　　雲城內部是垂直農場，所有作物都放到升降架上，由機械控制，從各種角度接受陽光。所有植物都是水耕，不用土壤，雖然都種在水裡，但由於全密封，植物蒸騰的水會收集起來再使用，總耗水量只有普通大田作業的 1%。

　　不過，雖然富含二氧化碳，但是金星大氣裡的水分仍然不多，「水蒸氣噴泉」也不能指望提供足夠的水，所以，金星農場仍然要選擇耐旱作物，甘薯和馬鈴薯會是首選糧食作物，其他還有穀子、玉米、木薯等。

　　蔬菜方面，金星農場會以辣椒、茄子、牛蒡和秋葵為主。至於大葉子蔬菜，由於葉子面積越大，氣孔越多，蒸騰作用散失的水分就越多，植物也就越耗水，所以，金星農場可以選種馬齒莧和洋薊。

　　在水果方面，金星上幾乎不能種香蕉和楊梅，甚至柑橘也因為耗水量大而不得不被放棄，但人類也許可以吃到棗、

山楂、桃、杏、石榴、無花果、核桃和鳳梨。

　　將來，世界各國的人都會到金星農場工作，雖然與老家的飲食習慣不同，但這些作物基本上可以滿足人類大半個食譜，只有一樣東西需要引進，那就是鹽！除了地球，高鹵水只有到小行星帶才能開採到。

　　目前，地球上最大的實驗性垂直農場位於杜拜，占地 18 畝，每天能收穫 2,700 公斤蔬菜。一座金星農場至少一公里長，數百公尺寬，能提供數百畝的種植面積，外加金星上更高效率的光合作用，每天收穫數百噸農作物應該不是問題。

　　是的，每天！

　　當然，只有陽光、水和二氧化碳還不行，農作物生長還要很多微量元素。金星大氣裡只能提供氮，其他都得從外界運過來，好在它們只需微量就可以調節作物生長。當太空駁船在其他地方卸下農產品後，便可以搭載各種營養劑返回金星。

07 ▶ 碳與氫

　　不管什麼農作物，整體中的大部分都不可食用，這些部分將分解成糖，與廉價催化劑結合，生成丙烯腈，它的最終產品是碳纖維。

　　是的，這是二氧化碳產業鏈的又一大終端產品。二氧化碳是不活躍氣體，一直被當成滅火劑，用化學方法從它裡面

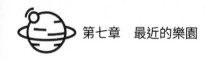

分解出碳，需要極高的能耗，相對而言，植物光合作用也是從二氧化碳中固定碳的過程。將農作物的廢棄部分作為原料，提取其中的碳，就能建立碳工業。

天然光合作用能製造氧氣，人工光合作用則能製造氫氣。各國已經發展出奈米樹、光合葉、生物光電板等技術，使用的原料也是二氧化碳和水。雖然在星際之間，電噴火箭有更大優勢，但是要把物資從天體表面送上太空，以氫氧發動機為代表的化學火箭還是不能取代，所以，有氫有氧，金星就有了新能源。

二氧化碳不僅可以就地轉化成農作物，還可以變成氣肥，供應太陽系其他地方的農場。

在太空中什麼地方才能不用考慮條件，想種什麼就種什麼？可能還是地球附近的幾個引力平衡點，在這裡建設太空農場，太陽輻射強於地面，由於沒有晝夜分別，也強於月球。

在金星農場開發前，人類肯定已經在近地空間建成太空農場，不過都是極簡型農場，雖然陽光免費，水和二氧化碳卻都要從地球上運過來。人類太空人呼出的二氧化碳雖然可以被植物吸收，可是，農作物上能被人類利用的部分遠比整體小，所以，近地空間的太空農場必須從外界大量輸入二氧化碳才行。

有了金星，各處的太空農場就有了氣肥供應站。吸收金

星大氣裡的二氧化碳，送到 80 公里高空，那裡的溫度就能讓二氧化碳變成乾冰並且不需要特別的設備，只要在巨型氫氣球下面吊上容器就能辦到。

從糧食到碳纖維，再到乾冰，這麼多產品怎麼運出去？畢竟，金星的重力不比地球小多少啊！

要知道，人類不是在金星地面上生產它們，而是在金星雲頂上生產它們。廉價發射術在這裡就能派上用場，比如，使用填充氫氣的巨型飛艇，能把這些產品提升到 70 公里高空，再用空天飛機接手在那裡發射。

很有可能，這些金星上的產品價格會低於地球同類產品，它們會為太陽系其他人類基地供應物資。雖然路途可能更遙遠，但對於大宗物資來說，在宇宙中飛行幾個月並不是問題。

假設從金星雲頂為其他天體上的城市供應食品，只要每隔十天半月向目的地派出太空駁船，就可以形成穩定的供應鏈，保證食品源源不斷到達。食品採用真空封閉，所以，保鮮也不是問題。

這裡便出現了兩個選項，一是建設金星農場，向太陽系各處居民點運送農作物，二是只建立二氧化碳採集廠，把它當成氣肥，變成固體後運往太陽系各處，由當地農場使用。選擇將由我們的宇宙人後代來做，此處先把金星農場這個選項介紹清楚。

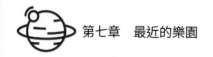

08 ▶ 歡迎飛行者

　　未來的金星上不止有一處雲城農場，甚至，雲城也不光用來建農場。為製造碳纖維，會有工業雲城。為進一步研究金星環境，會出現科研雲城。當金星上出現百十座雲城，各種物資極大豐富以後，還會有度假村和療養院式的雲城，也會出現雲城物資供應站，為各處雲城提供補給。

　　當數百座雲城建構成一個大型社區，雲城之間的交通怎麼解決？既然金星的大氣層那麼厚，能夠提供強大的上升力，地球上的傳統飛行器就會派上用場。這些雲城體型巨大，動輒一公里長，在上面建機場也非常容易。

　　人類在金星雲頂建城時，要在金星軌道上保留中繼站，作為金星與其他地方交通的紐帶，中繼站與雲城之間就靠空天飛機運輸。不過，金星大氣裡沒有氧，所以，供金星使用的空天飛機只配備火箭引擎，不配備航空引擎，結構更簡單。

　　在不同的雲城之間，太陽能飛機更為實用，它不用燃燒推進劑，而是用電能驅動，能夠在無氧的金星大氣裡飛行。地球上早就有太陽能飛機，只是由於光電轉化效率差，一直無法大規模運用。金星雲頂的光電轉化效率更強，太陽能飛機大有用武之地。

　　金星上一個白天長達 117 個地球日，在赤道上，太陽能飛機只要保持 13.4 公里的時速，就能永遠待在陽光下。理論上來說，太陽能飛機在金星上永遠不需要降落。

最近，俄羅斯想重返金星，為此制訂了「金星 D 計畫」，要把一個「風力飛行器」投入金星大氣，它就是一個大風箏，下面吊著科研儀器。金星大氣的中高層風速非常大，風箏也是種很好的飛行工具。

實際上，雲城本身也是飛行器，它就是放大了很多倍的飛艇。金星大氣高層存在「超旋」現象，風速極大，每 4 天就繞金星表面一周，而金星要 243 天才自轉一圈。所以，如果雲城只是做無動力飄浮，就會經常被大氣帶到金星的夜半球，削弱陽光使用效率。

當然，雲城體型巨大，即使有動力，也未必能完全克服強風，固定在金星表面某個位置，所以，雲城會在金星的畫半球做無動力飄浮。一旦進入夜半球，可以沿著風的方向加速，以便早點越過黑夜。另外，雲城有了動力，還能根據需要互相靠近，或者駛向某個目的地。

即使高度自動化，一座雲城農場還是需要十幾名到幾十名工人。生理節律又決定著人的生理、代謝活動和行為過程都需要以 24 小時為週期的畫夜節律性，所以，雲城裡面會開關人類居住區，並形成人造黑夜。

09 ▶ 奢侈生活

從加加林開始，太空人就過著比僧侶還艱苦的生活。他們蜷縮在狹窄的空間裡，來來往往都要人貼人，幾乎沒有

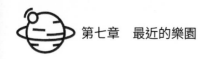

個人隱私。他們吃著幾萬塊錢一頓的飲食，但都是些壓縮食品，那些壓縮食品能量雖然夠用，分量卻只能讓人半飢半飽。

從開發小行星到開發月球，早期太空英雄們也都必須過節儉的生活。只有到了金星以後，他們才終於可以奢侈起來，很多方面甚至可以超過在地球上的生活。

雲城居民擁有巨大的空間，因為雲城裡充的是空氣，人們可以在這些巨型溫室裡自由行動，而且不用穿任何防護服。

當然，那些做為農場的雲城由於植物有蒸騰作用，空氣會比較悶，但是農場有上百萬立方公尺，隔離出一片居住區並不困難。其他用於工業加工和科研用途的雲城，內部空氣可以調節到很舒適的狀態。

雲城居民近水樓臺，可以吃到的新鮮食品多於地球之外任何地方。大部分雲城就是農場，少部分工業雲城和科研雲城，固定翼飛機會把新鮮食品及時運到，遠快於太陽系其他地方的移民。

在此之前，太空中的人類只能實施食物配給，沒辦法盡情地吃喝。直到有了金星雲城農場，宇宙居民才能恢復到地球上的食物擁有量，甚至更多。

所有雲城本身都能進行太陽能發電，如果能量仍然不夠用，可以在金星同步軌道上建設太陽能電站，效率高過地球

一倍，再透過微波傳輸方式，將電力發送到一座座雲城上。

　　這種方式在地球上也可行，只是要穿過地球大氣中的雲霧，會造成能量大量損失，而金星雲城都建設在雲頂以上，沒有雲霧遮擋，更適合微波傳輸。

　　雲城要在大氣層裡移動，而金星軌道上的太陽能電站位置固定。解決方法就是在不同位置建立多個太陽能電站，以中繼方式為同一座雲城供給能量。

　　有了充足的太陽能供應，雲城居民也不用節省能源。我們的金星後代人均能源占有量會達到地球親戚的 10 倍以上。

　　甚至，雲城居民可以方便地丟棄生活垃圾。只要把垃圾集中起來，傾倒進大氣層就行了。農村的土灶如果使用柴草，中心火焰只能達到 300 攝氏度。相比之下，20 公里高的金星大氣就有 400 攝氏度，整個金星大氣就是巨型焚化爐。

　　當然，這也不意味著金星居民就會奢侈浪費，畢竟很多生活資源還要從太陽系其他地方運來。除了植物還有藥物，金星也不是製藥的好地方。雲城裡也不方便製造精密設備，這些都要在太陽系其他地方製造，可能主要還是靠地球。

10 ▶ 尋找阿登星

　　太陽系裡絕大部分小行星在地球軌道之外，地球軌道以內有沒有呢？當然會有，不然的話，水星表面那麼多環形山是怎麼來的？

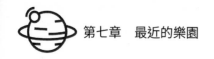

只不過，如果小行星的軌道在地球軌道之內，陽光會掩蓋它，使之不容易被觀察到。天文學上把軌道完全位於地球軌道內側的小行星稱為「阿登類小行星」，以這類天體中第一個被發現的阿登星來命名。它們中離太陽最近的已經貼近水星軌道。有人猜測，在水星軌道內部還可能有個把小行星，但迄今沒有被發現。

在近地小行星中，這類天體只占 22%，由於無法觀測，經常是飛入大氣才被發現。2013 年 2 月 15 日撞擊俄羅斯車里雅賓斯克的小行星，就屬於這類天體。

阿登星位於地球軌道內側，但卻在金星公轉軌道的外側，從金星上往外觀察，很容易發現它們。所以，人類會把望遠鏡發射到金星軌道上偵察阿登類小行星。

美國有個民間航太組織就提議，在金星軌道上部署「哨兵」衛星，用紅外望遠鏡監控小行星，試圖找到所有直徑 140 公尺以上的阿登類小行星。

此時的人類已經擁有小行星原位開發技術，找到它們就能駕馭它們。以金星為基地，人類可以派出捕捉小組，一一捕獲這些小行星，再透過「消旋」、「制動」等步驟，把它移入所需要的軌道。特別是金星本身還沒有衛星，人類很有可能為它送來第一個天然衛星。

太空中的小行星除了繞太陽公轉，自身還會自轉，所以，捕抓小行星時都要進行「消旋」作業。對於十幾公尺到

幾十公尺的小行星，可以用繩網飛行器全部罩住，然後將安全氣囊緊貼在小行星表面，透過施加壓力的方法，讓小行星停止自轉。

上百公尺到數百公尺的小行星，可以繫上一個質量很大的人造小衛星，把小行星的角動量轉移到小衛星上，再把小衛星釋放掉，完成消旋處理。

如果小行星直徑接近一公里，質量達到千萬噸，那就需要派出多艘制動飛船，貼在其表面的不同位置，啟動姿態調整火箭，把小行星當成大飛船來操作。

在地球和金星兩面包圍下，人類可以發現和控制全部阿登類小行星，一勞永逸地解決小行星帶來的危險。

在整個「太陽系經濟圈」，開發金星是至關重要的環節，可以為開發其他地方打下堅實基礎。開發到這裡，宇宙經濟可能才會與地球經濟實現貿易平衡，人類不用再單方面地從地球輸血。

但是這還不夠，畢竟，開發宇宙的總方向，是要實現資源升級。那麼，新目標應該定在哪裡呢？

第八章
從此升級換代

在內太陽系站穩腳跟，人類的資源已經足夠我們把目光投向外太陽系。那裡離太陽那麼遠，但絕非一無所有的苦寒之地。那裡有能源，有空間，有水，有氧氣，人類生存的一切資源那裡都有，並且，數量比內太陽系的還多得多。

走到那裡的人類，將會擁有我們今天無法想像的富足。

01 ▶ 自給自足之地

1991 年，蘇聯還沒有解體前，蘇美科學家曾經坐在一起，討論能否做載人火星考察。討論的結果是，憑藉兩國當時掌握的技術，完全可以實現這一點，前提是要花費 400 多億美元，這也不算是個天文數字，只不過無論科研價值還是工程價值，這筆錢都是巨額成本，最後只好作罷。

假設人類已經在近地空間形成強大的工業生產能力，又能夠開發近地小行星、月球、金星和水星，在太空中累積起足夠資源，下一步總該去火星了吧？

當然不是！雖然移民火星這個夢人類做了將近一個世紀，可是，即使金星雲城體系建立後，火星也不是下一步宇宙開發的合理目標。

火星之於人類，最大的資源是它的固體外殼，其面積相當於地球的陸地面積。由於有稀薄的空氣，人類穿著增壓服而不是太空衣，就能在火星表面活動。然而，如果不對火星環境進行徹底改造，這片陸地的實用價值就很小。

是的，火星上大概率會有水，有豐富的鐵，但這些資源和前面提到的其他地方相比，很難說有多麼豐富。火星其他礦產資源相對貧乏，或者品質不好。最麻煩的是火星本土能源不足，長期需要外界輸入，這是開發建設的大忌。如果現在就著手建設火星，即使長期輸血也很難建立完整的經濟體系。

宇宙開發的首要目標是掌握更多資源，太陽系裡最大的資源寶庫在哪裡？答案是木星系！

　　「八大行星」的說法會掩蓋太陽系質量分布的真實情形。其實，我們可以把太陽系比喻為一個西瓜、一顆葡萄和一些芝麻粒。在太陽系裡面，除了太陽之外的所有天體，即使將邊邊角角的小天體都加起來，總質量也只有木星的 2/5，它就是太陽系的副王！

　　木星憑藉其強悍的引力，吸附了太陽系早期形成的許多小天體，建立起微縮版太陽系。在木星衛星裡面，個頭大的超過水星，小的直徑只有幾公里。木星把它們聚攏在自己周圍，做規律的週期運動，相當於幫助人類聚集起一大批資源，透過變軌就能在木星各個衛星間飛行。

　　人類到此已經擁有開發小行星的技術，而且在火星和木星之間有個小行星帶，但是裡面所有小行星加起來，質量也抵不上一顆大號的木星衛星。

　　幾乎沒人討論如何開發木星，是因為以 21 世紀初的人類技術，這完全是天方夜譚，但是，如果人類已經邁上前幾個臺階，這一級也並非高不可攀。

　　遠征木星，人類需要龐大的船隊。而此時，人類已經掌握軌道組裝技術，生產百萬噸級的太空駁船來運載設備、人員和補給。透過月球和水星的開發，以氦 -3 為基礎的核融合技術已經成熟。

　　從金星雲頂上為木星系運輸食物，雖然路途遙遠，但數量足夠巨大，能長期支持開拓者在木星系生活。金星出產的大量碳纖維正在完成材料革命，逐步替換金屬，用於製造巨型太空飛行器。靈神星還能提供大量稀有金屬。

　　萬事俱備，人類開始了資源升級之旅。

02 ▶ 更好的水庫

　　把穀神星比喻為太陽系的水庫，那是宇宙開發第一階段的事情，它的供應對象是月球、水星、小行星、太空城或者金星雲城。一旦進入木星系，就不再需要穀神星的支援了。

　　據說，戰國時期天文學家甘德憑藉肉眼看到了木衛二，雖然未經證實，但木衛二確實很亮。因為它有個厚厚的冰殼，強烈地反射著陽光。對這個冰殼的厚度有各種推測，在1 公里到 30 公里之間，這個殼還十分光滑，只是在個別地方有數百公尺的隆起。

　　理論上來說，木衛二應該飽受撞擊，有很多環形山，但它們都被火山運動抹平了。不過，這不是地球上那種「正常」的火山，而是冰火山。從內層噴出來的熱氣凝結成水，流到低處，凝結成冰，抹平了地形。

　　由於引力小，木衛二上的噴泉高達 200 公里。遇到這樣的噴泉，飛船直接靠近就可以取水，類似於在穀神星的天空中提供人造噴泉中的水。

在木衛二的厚冰殼下面，還有一個深層海洋，厚度估計在 100 公里到 160 公里之間，並且可能會有生命存在。在電影《木衛二報告》中，你會看到木衛二的英姿。這部電影以冰下海洋有沒有生命為題材，拍成了恐怖片。實際上，那裡即使有生命，也只是很小的嗜極微生物，不可能有大型動物。

連冰帶水，木衛二上的總水量達到地球上水量的兩倍！之所以沒在第一時間考慮它，而是建議先開採含水小行星，完全是考慮到人類深空飛行能力一時達不到，難以輸送大型工業設備進入木星系，但只要這天到來，第一步就是在木衛二採水。除了噴泉，更可以在溜冰場般平坦的木衛二表面建立取冰站。大部分的水將用於工業和生活，小部分還可以電離成氫和氧，供化學火箭使用。

想想《絕地救援》裡的馬克，他可憐兮兮地用火箭推進劑製造出一點點水，才能種馬鈴薯養活自己，你就知道為什麼木星比火星更值得作為開發目標。

然而，要論水的總量，木衛二遠不如它的長兄木衛三，後者不光是木星衛星中的老大，也是太陽系最大的衛星。如此大的天體，根據其比重來分析，可能高達一半的質量都是水。內部同樣有液態海洋，並且還不止一層，總深度可能超過 1,000 公里。算下來，總水量達到地球的 30 倍！

木衛三水如此之多，但是它並沒有木衛二那樣的冰殼，表面有相當多的岩石部分，這也使得木衛三不如木衛二亮。

　　木衛四的含水量也遠超過地球，且同樣以冰的形式儲存於表面。在這些天體上，根本不需要像在月球、水星和火星上那樣，反覆搜索哪裡有水。只不過由於它和內太陽系的距離超過穀神星，這些更豐富的水不需要往內部調運，只需提供木星開發之用。

　　如果人類能在木星站穩腳跟，甚至會覺得地球是個缺水的天體。

03 ▶ 特種能源

　　人們一直在談月球上的氦 –3，只是因為它離我們最近。離太陽更近的水星，接受了更多的氦 –3，據估計，水星上的氦氣總量可能是月球上的 8 倍。

　　不過，它們加起來都無法與木星相比。最大的氦 –3 庫是木星的大氣層！氦氣在裡面占據 24％，雖然氦 –3 是比例稀少的同位素，只有總量的 0.03％。但是如此大的氦氣存量，完全可以支撐對氦 –3 的工業化開採。

　　目前介紹氦 –3 的文章，都說月球上的氦 –3 能夠支持人類使用 1 萬年，但那只是根據現在的工業能耗來推論。如果以 1900 年的消耗水準，10 億噸汽油也夠人類使用一千年。能量消耗提升後，月球上的氦 –3 也會捉襟見肘。

　　月球上的氦 –3 來自太陽億萬年的饋贈，屬於不可再生資源，在那裡採集氦 –3，和在地球上開採石油的情形差不多。

水星的情況與月球類似，也只是一個更大的不可再生的氦–3礦。並且，從月壤中採集氦–3需要把月壤加熱到700攝氏度，工藝複雜，每加工1,500噸月壤才能得到1克氦–3。

相比之下，將採集器投入木星大氣，就可以提取氦–3。無論以氦–3的存量，還是採集的簡便性，都讓木星成為最大的氦–3能源庫，它不僅能夠供當地開發，也能立刻反哺內太陽系，包括地球。

除了氦–3，木星系裡還有很多特殊能源值得開發，首先便是冷汽發電。

2016年1月13日下午2點，美國「朱諾號」飛船打破了太陽能探測器最遠航行紀錄。當時它就在木星軌道上飛行，靠三塊太陽能電池板供能，從地球出發時，它們能提供14千瓦電力。由於太陽常數越來越小，到達木星軌道後，功率與之前相差35倍之多，只能點亮幾個燈泡。

距離太陽很遠，太陽能發電不足以支持工業級的能源，一種新奇的裝置將會普及，那就是冷汽發電機，它和地球上汽輪機發電的原理一樣，只不過它把工作介質從水換成了乾冰。

冷汽發電機使用地球上已經成熟的光熱發電技術，用大面積的反光鏡，把陽光聚焦在儲存介質的容器上，透過「晒」的方法來增加溫度。由於乾冰在零下78攝氏度便昇華，所以氣化它所消耗的能源遠小於蒸發水。

木星衛星空氣稀薄，只要在地面設置太陽鏡，就能直接

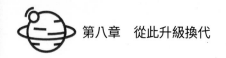

進行冷汽發電。冷汽發電使用的介質二氧化碳，木星系裡不算豐富，主要從金星運來。屆時，以木星的氫換取金星的二氧化碳，可能成為兩地之間一個重要的貿易內容。

另一種能源是木衛一上的地熱資源。木衛一是太陽系裡罕見的有火山的衛星。由於經常爆發，反覆改變地表，木衛一上甚至很難找到撞擊後的環形山。

由於木星引力強大，木衛一的近木點和遠木點承受的引力有差異，在這個天體上能產生高達 100 公尺的垂直變化。天體內各部位之間反覆摩擦，生成熱量，這是木衛一火山的能量來源。

不過，除了火山噴發、岩漿奔流的地方，木衛一的表面整體上很冷，仍然可以建設工業設施，並在其地熱豐富處建設地熱電站。

04 ▶ 氣體寶庫

在科幻片《朱比特崛起》中，外星人把工廠建在木星大氣裡面。那裡確實有重要的工業原料，不過不是電影中講的什麼長生素，而是前面提到的氦 –3，還有氫氣本身。

木星表面重力是地球的 2.5 倍，但它的大氣密度極高。在木星大氣頂端，也就是人類用天文望遠鏡看到的外殼外，約為 1 個大氣壓，所以人類也能像在金星上那樣，製造充氣浮城，讓其飄浮在木星大氣頂端進行採集工作。

不過，人體承受不了這種重力，木星本身還有強烈的輻射。所以，人類像《朱比特崛起》那樣直接住在木星雲城裡是不行的，一舉一動都像背著沙包。木星大氣採集廠都是自動機器人工廠，人類要待在周邊進行遙控。

1995 年，木星大氣迎來了第一個人造物體，美國「伽利略號」木星探測器的重返器，它張開降落傘，向木星大氣深處墜落，一個小時後被 20 個大氣壓的壓強摧毀。如今，「朱諾號」探測器正在環繞木星飛行，預計到達使用壽命後也將墜入木星大氣。可能在一兩個世紀後，長期駐紮的雲城會成為它們的後代。

這裡還有一個難題，就是如何克服強大的引力運出產品。木星逃逸速度高達每秒 59.5 公里，貨運飛船需要強大推動力才能移動。即使如此，也不可能一步就掙脫木星引力。

如果要把氣體原料運輸到木星系之外的地方，那就需要在環繞木星的軌道上不斷變軌，拉長半徑，經歷幾個公轉週期後才能以直線離開。如果只是把木星大氣中提取的原料運往它的衛星，就只需要反覆變軌。

木星是儲備無比巨大的氫庫，氫是人類要提取的主要氣體。這麼多氫做什麼用？答案是，把它們運往金星，透過「博施反應」生成水和碳。這種反應需要 527 攝氏度以上的溫度，還需要鐵、鈷和鎳做催化劑。不過，當人類能夠進軍木星時，這些條件都很容易在金星雲頂工廠上實現。

「博施反應」生成的水和碳，都是人類生存必需品。氫和二氧化碳還可以透過「薩巴捷反應」，生成水和甲烷，後者作為推進劑和化工原料，也是工業必需品。「薩巴捷反應」超過 177 攝氏度就可以發生，只要把反應釜放到金星大氣稍低位置飄浮，從周圍環境裡就能獲得這樣的溫度。

第一船木星氫塊運到的日子，會成為金星居民的節日。從此以後，他們再也不只是靠金星大氣裡稀少的水蒸氣了。金星農場可以種植地球上的所有農作物，包括柑橘這種耗水大戶。

為什麼開發木星要排在金星後面？不僅是因為距離更遠，也是因為金星會扮演木星產品買家的角色，為木星開發提供第一桶金。

除了木星本身，木衛二和木衛三都有以氧為主的稀薄大氣，太陽風照射它們表面的冰，電離出氫氣和氧氣，氫氣飛入太空，氧氣附著在表面，這也是人類離開地球後，第一批能直接採集氧的好地方。

05 ▶ 新資源

離開地球，踏上遠征，有某樣東西可能長期需要地球供應，那就是食鹽。直到人類開發木星系之前，一路上都找不到鹽類礦藏。

鹽類礦藏並非只有食鹽，還有其他成分。即使在地球上，大部分鹽也不是供食用，而是作為化工原料。鹽類物質

可以製造燒鹼、漂白粉、藥物原料，還會應用於玻璃、染料和冶金工業。在宇宙開發中，直到木星系之前，上述工業由於缺乏鹽類物質，都難以在太空中展開。

在木衛一的表面，火山活動可以使局部溫度升到 1,610攝氏度，這個溫度足夠令岩石中的鈉和鉀與氯反應，生成氯化鈉和氯化鉀。前者已經透過儀器在木衛一大氣裡找到，後者在理論上推斷也應該存在。

由於大部分地方表面平均溫度並不高，這些金屬鹽遇冷凝結，降落到木衛一的表面，成為容易開採的鹽礦。甚至，我們會找到大面積的鹽殼。

木衛二的深層水含有大量鹽分，由於它們的存在，這些水成為高鹵水，熔點下降。在木衛二上，冰殼厚度不一，厚的地方接近地球的地殼厚度，薄的地方直接噴發成噴泉，高鹵水會被帶到表面。

即使要在木衛二的冰殼上鑽井，也比在岩石上鑽井容易得多，採用光學方法就行，可以直接用太陽光聚焦陽光，進行照射，也可以使用集熱光纖，或者雷射鑽孔。在這裡我們會再次發現，宇宙中某些地方從事與地面類似的作業，能源消耗比在地球上消耗得少得多。

木衛四也同樣有個冰下海，裡面溶解的鹽類物質多達5％，不過它上面的殼體厚於木衛三和木衛二，開採難度稍高。

　　從木衛一到木衛四，人類應該先在哪裡建設基地？目前的說法是先在木衛四。木衛四離木星有 188 萬公里，輻射較少。

　　在木星裡面，到處都是有機化工原料，可以在那裡形成完整的有機工業鏈。僅在木星大氣裡，就有氨、甲烷、乙烷、乙炔和聯乙炔，它們是木星大氣中的稀有成分，總量巨大，且以氣體形式存在，便於採集和加工。

　　氨、乙烷、乙炔和聯乙炔都是化工原料。甲烷可以製造炭黑，乙烷可以製造乙烯，另外，甲烷是化學火箭的重要推進劑。人類離開地球，只能在金星農場裡獲得少許有機原料。直到這裡，有機工業才得以大規模開展。

　　在木衛一的表面，二氧化硫由於火山運動噴發出來，又落到地面結成霜，儲存在那裡，它是一個重要的有機溶劑。

　　木星還有個特殊資源，就是它那巨大的磁場。木星磁場超過地球磁場 14 倍，是太陽黑子之外，整個太陽系裡最強大的磁場，磁尾能夠延伸到 6,000 萬公里遠，它將太陽風遮罩在外，並在磁尾處匯集。將超導電磁收集器置於木星磁場的磁尾處，便可以收集太陽風中的物質。

06 ▶ 人類空間再升級

　　從伽利略用天文望遠鏡對準木星到現在，人類已經發現 79 顆木星衛星，其中有很多是木星俘獲的小行星，個別衛星

軌道延展到距離木星兩千多萬公里遠，形成一個大小相間、錯落有致的微型太陽系。

那麼，哪顆衛星是人類理想的定居點？並非那幾顆大氣稀薄的大型衛星。在距離木星 967 萬到 1,370 萬公里處，有一顆小衛星在旋轉，它的排行是木衛七，1905 年才進入人類視野。

把它開發成定居點？是的，木衛七直徑只有 86 公里。《星際大戰》中的死星，或者《銀河英雄傳說》中的伊謝爾倫要塞，差不多就是這種大小。算下來，木衛七內部有 33 萬立方公里的體積！所以，為什麼不把它改造成一座太空城？

人類已經掌握小行星挖掘術，於是，可以在這裡做一次規模空前的挖掘，任務是挖出幾層球形空間。每兩層之間淨高有幾十公尺到一百公尺，挖掘時不會把每層都挖空，要留下很多岩石部分，以保持不同球層互相連接。最後，製造出類似象牙雕刻的多層小球結構。

人類進入這種多層球形空間後，要頭朝球心、腳朝外側工作和生活。由於木衛七在自轉，形成離心力，可以讓人在外壁上站穩。透過調整木衛七的自轉週期，用離心力來模擬重力環境。在這裡，人類重新回到了熟悉的地球重力環境。

從這幾層人類居住空間向球心進發，離心力會越來越小，到達木衛七的質心，將處於失重狀態。由於木衛七非常小，那裡估計也不會有滾燙的熔岩，或者任何地質活動。直接挖出球形空間，就可以安置零重力工廠。

木衛七的逃逸速度只有每秒 50 公尺。在其表面將小汽車加速到 180 英里，就能進入太空，物資和人員運輸會很方便。不過，木衛七離資源豐富的木星核心區很遠。所以，需要用一批巨型制動飛船吸附在木衛七表面，調整其軌道，讓它一圈圈地駛入內環。這個過程可與空間挖掘過程同步進行。

木衛七的質量高達 8.7 萬億噸，將是人類進行天體重定向的最大物件。不過，隨著掘進工程的開展，部分木衛七的質量會拋入太空。而且，和把幾千億噸金屬運到這裡搭建同樣規模的太空城相比，這還是要經濟得多。

最終，改造過的木衛七將進入內軌道，與木衛三和木衛四相伴，它可以容納 1,000 萬居民。與木衛七相比，木衛八直徑只有 50 公里，更易加工，但它與木星的距離擴大到 2,000 萬公里外，改變軌道耗時太長。

木衛六離木星的距離和木衛七差不多，但是直徑達到 170 公里，改建工程更為龐大。綜合比較，在木衛七上進行此類工程是首選，透過它累積經驗，再瞄準同類型的幾個小衛星，開展相似工程。

為什麼不住在幾顆大衛星上？因為人類無法把它們改造成離心力接近 1 g 的太空城，其表面重力又和月球差不多，均非久留之地。

當這些工程結束後，三顆小衛星會排隊在內層運行，居住著數千萬人，成為木星建設大本營。

07 ▶ 在土星重演故技

當人類開始開發金星時，太空經濟可以自給自足，而當人類開發木星時，太空經濟才可能達到地球經濟的規模。注意，不是今天的地球經濟，而是一兩個世紀後的地球經濟。從那以後，人類經濟主體會轉移到太空中，並且以不可阻擋的速度發展下去。

掌握了木星系的超級資源，人類才算離開母親的臍帶，真正成為太空種族。這是千載難逢的機會，周圍數百光年內不乏宜居行星，但是在 γ 射線暴、超新星、小天體撞擊與恆星發熱量驟變的重重打擊下，智慧生命可能連形成的機會都沒有。

但是這還不夠，人類還有更遠的征途要走。在木星系站穩腳跟後，下一步就輪到了土星。兩者資源相差無幾，而由於引力沒有那麼大，進出更方便，土星也會成為開發熱點。

水當然是第一要素，土星那個唱片般的美麗光環是個天然大水站，由無數圍繞土星公轉的小冰塊構成，厚度卻只有幾公尺到十幾公尺。這意味著一艘飛船接近星環，開始伴飛，再伸出機械手，就可以無限量地採集冰塊，這比在月球或者穀神星上採水還要方便得多。

雖然穀神星或者木衛二以水冰比例極高著稱，但都比不過土衛二，這顆直徑 1,062 公里的衛星比重低於水，意味著它就是一個大冰塊。土衛二內部也有液態水，會形成噴發，

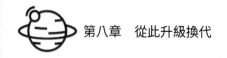

由於它就在土星環內運動，噴出的水變成冰，直接形成環的一部分。

和土衛二一樣，土衛八也基本上是一塊冰，只是直徑小一圈。其他如土衛四、土衛五等衛星，水冰都占總體積的一半以上。人類到了土星，完全不需要考慮水的問題，當然也就不用考慮氧和氫的問題。所以，派往土星的第一艘工業化飛船肯定是採冰船，人們需要為後續各種開發準備好水這個關鍵要素。

和木星一樣，土星本身也是個天然大氫庫，它的逃逸速度是每秒 35.49 公里，比木星小了將近一半，這意味著在土星上採氫，會節省很多能源。雖然路途更遠，但只要開採活動成為序列，一船船氫氣排隊運輸出來，那多出的幾億公里並不是問題。

大大小小的土星衛星可能超過 200 顆，有很多體積小的衛星可以加工成土星版本的死星基地。土衛十三可能是首選，它的直徑有 150 公里，超過前面提到的木衛七和木衛八，但小於木衛六。同時，它離土星只有 135 萬公里，距離適中，不需要移動其軌道，原地就可以建設為太空城，作為土星開發大本營。

什麼？土星離地球太遠？確實有點遠，但是有強悍的核融合引擎相助，此時的電噴火箭已經可以把飛船速度提升到每秒數百公里，土星系統早就不再遙遠。並且前面也提到，

開發宇宙不能總想著怎麼把資源搬回地球，重蹈西班牙人的覆轍。開發土星資源的目標，更多的是為探索深空做儲備。

08 ▶ 下一個中繼站

有人編寫過一份天體宜居度指數排行榜，參考資料包括星球表面是否有岩質，有沒有大氣和磁場等。綜合計算下來，太陽系裡面宜居度最高的不是火星，而是土衛六。由於這個指數將星球表面性質作為重要參照，所以沒把金星列入，與實際有些不符。不過，土衛六確實能算太陽系裡面的第二號宜居地。

到目前為止，人類已經發現的土星衛星大家族裡面，土衛六無疑是長兄，也是太陽系裡面的第二大衛星。

土衛六上面有濃厚的大氣，其中 98.44% 是氮！在太陽系中，除了金星和地球，就只有這顆天體富含氮氣。氮與氫化合後，會生成氨，氨是重要的肥料，可以供外太陽系中各種太空農場使用。

另外，土衛六深處就含有天然的氨，但是目前不知道需要鑽探到多深才能採集到，是用合成法採集還是直接採集，留給土衛六的開發者們考慮。

在太陽系裡面，除了地球，只有土衛六表面有液態物質。不過不是水，而是大量碳氫化合物，包括巨大的甲烷海洋。如果把它們折算成熱量的話，相當於地球上各種化石燃

料總和的數十倍。飛船攜帶液氧，在當地灌上甲烷，就是良好的推進劑。大量的甲烷用於化工，可以生產甲醇、乙炔、乙烯、甲醛等一系列產品。

土衛六的大氣很厚，地面大氣壓達到地球表面的 1.5 倍，但是土衛六的重力很低，僅相當於月球，這樣的環境是空天飛機的理想用武之地。僅用地球表面幾分之一的推進劑，空天飛機就能在土衛六表面輕鬆起飛，載重量也比地球上的空天飛機大得多。

土衛六上氣壓很大，所以人類在土衛六表面不需要穿抵抗真空的太空衣，只需要配備氧氣瓶，在土衛六表面重力很低，意味著人類戶外行動能力大大提高。

科幻片《末世異種》就以人類遷移土衛六為題材，泰坦是土衛六的別稱。電影裡把移民過程搞得很複雜，還需要事先改造人體，以適應土衛星的大氣。那部電影和絕大部分宇宙開發題材電影一樣，都以現在的地球資源為靠山。其實，如果人類已經能夠成批抵達土衛六，用所掌握的技術簡單地建設地面站就行，並不需要改造人體。

人類不會到了火燒眉毛的時候才想起移民太空，這是一個漫長的、一步一個腳印的過程。當腳印終於留在土衛六時，人類已經能夠從容地建設科研站和工廠了。

由於條件相對優越，這裡也將是整個土星社區的居住中心。一個人即使不在土衛六上工作，而是在土星系其他地方

工作，平時也會住在這裡，需要時藉由空天飛機直入太空。

完成這兩大氣體行星的開發後，人類可能已經達到卡爾達肖夫文明指數中的一級文明水準。只是它並非在地球上完成，相反地，地球資源的消耗可能還會下降，轉而由太空來補給。

09 ▶ 火星的前哨站

我曾看到一些國內外有關火星的科幻片，還有不少介紹火星的科普文章，幾乎沒有人提到過火星的兩顆衛星，這兩顆衛星彷彿不存在，被大家徹底無視。

在這裡，我鄭重地向它們說聲抱歉。前面說過，現在討論太空，科學研究導向嚴重壓倒工程導向，這就是一例。兩顆衛星那麼小，上面又不可能有生命，極少有人關心它。然而，如果你認真讀了前面的內容就會發現，如果人類要在火星建設前哨站，最佳地點不是火星表面，而是它的衛星，隨便哪一個。

它們都是被火星俘獲的小行星，如果在小行星裡面比大小，它們的個頭也才算中等。火衛二的逃逸速度只有每秒 5.6 公尺，人在上面跑步就能飛入太空。火衛一的逃逸速度也只有每秒 17.2 公尺，人類可以騎自行車進入太空。

相比之下，火星逃逸速度高達每秒 5 公里。前面提到過的各種廉價發射方式，大部分在火星都不可行。火星大氣稀

薄,用氣球和飛機發射,甚至用太空梭和空天飛機都不靈光。在火星表面建造發射軌道耗資巨大,最容易製造的只有可重複利用的火箭,但所有推進劑都要從外面輸入。

為什麼不把第一個火星基地建在衛星上?它們可都是天然的太空站。正是由於逃逸速度有天壤之別,到現在還沒人計劃從火星表面採樣後返回地球,所有火星著陸器都只是在降落後傳回資訊。但是在 1988 年,蘇聯就向火衛一發射過採樣飛船。這艘飛船重達 4 噸,在當年可謂興師動眾,可惜後來失聯了。

即使以今天的技術條件,在火星衛星上空懸停和採樣,也已經可以實現。我把本節內容放到這一章,也是因為當人類掌握小行星重定向技術後,完全可以在火星衛星上開闢前哨站。

這兩顆衛星均已形成潮汐鎖定,始終有一面朝著火星,無論是觀測火星,還是建立與火星表面的通訊聯繫,都是合適的場所。利用已經掌握的小行星空間開發技術,可以在它們上面開闢出寬廣的工作和生活空間,架設很多儀器設備,遠勝於體積很小的人造火星衛星。

太空人下降到火星表面再升空,需要大量推進劑,進出火星衛星卻不用。在更接近火星的火衛一上,可以建設大型軌道發射場,接送從小行星帶和月球飛來的飛船。如果需要對火星表面進行考察,從這裡派出無人飛船和機器人,在火

星上軟著陸，再在火衛一上遙控，也比派人去方便得多。

　　甚至，兩顆衛星上可以建設小型太空農場。火星大氣以二氧化碳為主，可以派無人飛船採集。這裡光線不足，可以採用人工照射。一般認為火星地表下有冰，即使沒有，從正在開發的穀神星運水也很方便。

　　當然，人類總要占據火星表面，但不是在這個階段。與其他開發目標相比，火星的最大價值在於地面，人類需要全盤改造後加以利用。但是，人類只有在掌握兩大氣體行星的資源後，才有能力完成這個創世工程。

10 ▶ 天上的藝術家

　　人類的腳步已經拓展到木星，宇宙開發的成本較初期肯定會大幅下降。新一代藝術家們也能躍入蒼穹，一展宏圖。與前輩不同，宇宙時代的藝術家不僅不排斥科學，還會關注科學，運用高科技完成創作。

　　當人類能夠對 50 顆小行星變軌重置以後，小行星就成為普通材料。大型文化公司也會有能力派出制動飛船，搬一顆小行星放置在某個引力平衡點。一顆幾十公尺長的單體小行星，是太空雕塑的完美材料，使用雷射燒蝕技術，這種體積的小行星完全可以加工成拉什莫爾山那類雕像群，並且在宇宙中存在億萬年之久。

　　既然是宇宙時代的藝術家，首先會為開啟這一時代的偉

人塑像，將會有哥白尼、伽利略、牛頓、齊奧爾科夫斯基和加加林的雕像在太空中飛舞。當然，藝術家要在安全距離外完成雕塑，清理好碎石，再把雕像牽引到位，向觀眾展示。

如果是數百公尺直徑的小行星，藝術家會在它們的表面清理出一塊平地，在上面繪畫。更大的小行星要挖掘出內部空間，可能是長、寬、高各一公里的太空城。藝術家們要用光影技術，把整個內壁加工成巨畫，可能是幻想中的異星天空，也可能是有心理調節作用的地球景色，甚至是抽象色塊。

在月球上，第一批月痕藝術完成後，刻畫月壤的技術也會成熟。將來會有一塊塊足球場大小的月畫，在地球就能用望遠鏡看到。在萬古不變的灰色調中，月畫可以大面積使用顏色，月面的色彩從此改變。

環形山外壁會出現群像，紀念從阿姆斯壯開始，一個個月球移民的先驅者。在最大的月球工業基地旁邊，可以開闢出露天實景劇劇場。不需要真人穿太空衣表演，有可能是 3D 影像，或者機器人在觀眾面前群舞。

在金星上飄浮的數百座雲城，也不會只有冷漠的外表。太陽能電池膜能拼貼成圖案，人們會看到一張張笑臉，一隻隻怪獸，也可能是一幅幅廣告滿天飛舞。在雲城內部，頂端會鋪設數百公尺長的大螢幕，城裡的人們找個位置躺下，就能觀賞光影表演。

到了木星系，人們以木衛二的冰殼為布幕，從太空城向上面投出影像，製作出直徑數公里的虛擬繪畫。由於表面寒冷，千奇百怪的冰雕會出現在木星和土星的冰衛星上面，連綿數公里，甚至半個衛星的外殼，冰雕群在太空中清晰可辨。

　　宇宙開發者還會慶祝自己的節日，比如第一顆人造衛星上太空的日子，第一個太空人踏上月球的日子，「地衛二」入軌的日子，或者首座雲城滑入金星大氣的日子。屆時，無人機表演編隊飛過太空城的內空，全系各處紛紛上演光影秀。

　　這還是能夠直接觀賞的藝術。小說家和傳記文學作家更會早早加入這個行列，記錄下人類探索宇宙的每次壯舉。從地球直到土衛六，無數讀者會閱讀這些新的文學經典。

　　我們不僅處於科技大爆發的時代，也處於藝術大爆發的時代。科技進步為藝術家提供了無窮的想像力和創作方式，宇宙不僅不是藝術的墳墓，相反地，新一代藝術家將會在那裡誕生。

第九章
再接再厲

以地球為範本去改造一顆星球，把它變成第二個地球，這只有在開發木星後才能列入計畫。地球沒有那麼多資源可以利用，但如果集合半個太陽系的資源，人類完全可以創造自己的新世界。

或許，這還是一系列星球改造工程的先聲。

01 ▶ 夾擊火星

一邊是地球和金星，一邊是兩大氣體行星，人類只有掌握這兩大資源寶庫，才能著手開發念念不忘的火星。

土地是火星最大的優勢。在太陽系宜居帶裡面，金星地表不能使用，火星上這 1.4 億平方公里土地遠大於月球，並且有大氣。火星日與地球日只差一個多小時，火星在所有行星裡最接近地球的節奏。

萬事先從能源起。火星的空氣和金星的空氣一樣以二氧化碳為主，火星地表下可能埋藏著水冰，把冰取出來融化成水，電解成氫和氧，然後用氫和二氧化碳進行薩巴捷反應，能夠生成甲烷和水。

整個過程中，最終產物是甲烷、氧氣和水，前兩者是化學火箭的首選推進劑。人類向火星發射過很多著陸器，卻遲遲不能帶樣品返回，就在於從火星升空需要大量推進劑。如果像登月那樣都從地球帶過去，成本過於高昂，所以，先送上一些設備，讓它們在火星原位製造火箭推進劑，才能為後續開發打下基礎。

開發火星有兩種方案，一個是建設大型火星城市，這是現有技術條件許可的。不過，火星城的選址可能不在它的表面，至少一開始，熔岩管是個好地方。

火星幾乎沒有地質運動，重力也小，保存著比地球大得多的熔岩管，直徑在 40 公尺到 400 公尺之間，足夠建設大型

定居點。

　　此前，人類已經有了在月球熔岩管建城的經驗。兩者有同樣的優勢遮罩宇宙輻射，消減晝夜溫差。把建設月球熔岩管城市的經驗搬到火星，輕而易舉。

　　火星離太陽遠，表面又有沙塵，太陽能利用率不高，但是火星也有狂風，人類可以間接利用太陽能，也就是利用風能，開展風力發電。不過，火星上的風速雖然快，但是空氣稀薄到只有地球的 1%，所以，火星風攜帶的能量並不多。

　　開發火星風能，需要尋找特定的風場。目標是在環形山周圍、盾狀火山或大型盆地的低角度斜坡，以及丘陵溝谷的風道。不過，火星表面無法扯出很遠的電線，這些風電必須就近使用，也就是就近建設人類基地。而這些地方不大可能同時有熔岩管，因此只能在地面建城。好在火星風的強度有限，地面城市也容易抵禦。

　　火星大氣雖然稀薄，也能夠使用飛機。不過不是地球上這種飛機，而是充氣飛機，它有寬大的充氣機翼，並且不帶動力，這樣就少了引擎和推進劑所占的重量。充氣飛機只做滑翔飛行。

　　然而，如果看完前面那些宇宙大開發計畫，這些都顯得微不足道。如果在火星上只能做這些項目，可能在地球附近建座太空城都更有價值。

　　人類對火星的終極夢想，就是徹底改造火星表面，把它恢

復成以前有空氣和水的樣子。過去遲遲沒有對火星動手，就在於人類資源不足以支撐這種野心。好吧，假設開發木星和土星之後，人類已經登上了那個臺階，我們可以對火星做什麼？

02 ▶ 重現大轟炸時代

歷史上火星曾經有過液態水，如果這些水在火星表面全部鋪開，能夠覆蓋 200 公尺厚，水量雖不及地球，也能製造出江河湖海的效果。火星大氣曾經比今天厚得多，氣溫也比今天高。這些都有賴於太陽系早期大轟炸時代，小天體不斷撞擊，為火星帶來了水、氣體和溫度這三個寶貝。

由於火星質量小，再加上磁場消失，太陽風不斷從高層大氣裡捲走物質，這些寶貴財富最終得而復失。所以，人類要徹底改造火星，第一步就是複製幾十億年前的密集撞擊。

火星緊鄰小行星帶，一些小行星上含有冰。小行星帶裡有不少金屬礦，但是散布在廣闊的宇宙空間，東一個西一個，需要把它們集中起來，才能方便開採。

最初，人類在地球引力平衡點上集中一批小行星進行開採，那只是宇宙開發的第一步。有了木星與土星支持，就不用那麼「寒酸」了。長達百公尺的核融合制動飛船可以去捕獲大號小行星，讓它們變軌，把它們推向火星，把火星表面當成堆料場。

一顆鐵鎳小行星撞擊火星表面，爆炸會讓大量金屬散落

在撞擊點附近。塵埃落定之後，到處都是幾十公斤到幾噸重的金屬塊，比在火星表面開採氧化鐵礦更容易。

透過重定向技術讓小天體撞擊火星，不僅可以把水和礦物送上去，撞擊時動能轉化為巨大的熱量，也會長久地留在火星大氣裡，將它逐漸烘熱。由於是人造轟炸，頻率會遠遠高於自然過程，達到每年數顆到數十顆的密集程度，熱量會在火星大氣裡遲遲不散。火星兩極封凍的乾冰也會受熱氣化，將大氣變厚。

火星上的水大多都深埋地下，形成冰層或者凍土。每次天體撞擊都相當於幾十到幾萬顆氫彈，能擊穿地表，讓相當一部分地下水冰蒸發到大氣裡。同時，小天體裡的冰會立刻蒸發，隨著大量塵埃飛捲起來，被衝擊波帶到火星各處，大氣逐漸變得厚重而溫暖。

撞擊會導致大地震，塵暴也會比平時更激烈，如果火星表面有居民點，將會無法運行。前面之所以不主張在火星上建城，而是在火衛一、火衛二建前哨站，也就是考慮到後面會有人造大轟炸。

曾經有人計算過改造火星環境的時間，認為要花一萬年。但那只是根據人類現有資源水準做的計算。300 年前牛頓設想發射炮彈超過地球逃逸速度，也曾認為那只有理論上的可能性。火星改造工程會在兩三百年後進行，人類屆時擁有的資源是今天無法想像的。

　　這樣連續轟炸幾十年，承受萬億噸水冰撞擊後，火星大氣成分會發生顯著變化，濃度至少增加一倍，其中富含水蒸氣，不排除個別地方已經在凝雲降雨。這時，人工天體撞擊頻率才會減緩下來，以便進行後續改造。

　　火星質量只有地球的 11%，即使幾百公尺到一公里的天體，撞擊效果也十分巨大。在這場外科手術期間，火星相當於屢受災變，絕對不宜人居，只能保留科研站做監測和評估撞擊結果。

03 ▶ 進一步改造

　　轟炸火星一舉多得，不僅可以改造火星大氣，提升表面溫度，還可以把小天體的資源高度集中。所以，人工轟擊什麼時候結束，要看小行星帶和古柏帶的開發情況。我們需要挑選那些本身含有資源，並且人類可以移動的小天體，如果它們已經用得差不多，轟擊便可以停止。

　　此時，火星平均氣溫已經大大提高。當然，還不能與地球相比。人類可以向火星散布高效溫室氣體，這個詞已經被妖魔化，但起碼在火星上，溫室氣體多多益善。最好的材料是四氟化碳，增溫係數達到二氧化碳的 6,500 倍。

　　自然界中不存在天然的四氟化碳，在地球上生產，不光資源不夠，還有汙染隱患，它們主要在木星系和土星系的化工廠裡製備。四氟化碳的熔點是零下 183.6 攝氏度，把成品

凍結成巨型冰塊，放到太空駁船裡，到達火星附近後，太空駁艙打開前艙門，並同時減速，四氟化碳冰塊便憑藉慣性飛入火星大氣。

想當初火星失去水和大量的氣體，一個主要原因就是火星內核停止轉動，導致磁場消失，太陽風從高空吹走了這些寶貴資源。所以，大轟炸結束後，人類還要建造人工磁場，抵禦太陽風侵襲。現在，人類已經在實驗室裡製造出相當於地球磁場 200 萬倍的強磁場。將來，人類會在火星上以核融合電站為基地，大量使用超導材料，建設大型人造火星磁場。

硬體環境改變後，人類開始在火星表面撒布藍藻，讓這種先鋒生命完成它們在地球上曾經做過的事，透過光合作用吸收二氧化碳，釋放氧氣。不過，這裡的二氧化碳的密度大於氧氣。地球表面上的氧氣遠多於二氧化碳，但是在火星上，最初生成的這點氧氣會上升到大氣層高處，而不像科幻片《全面失控》裡描寫的那樣，太空人摘掉頭盔就能呼吸。所以，屆時還需要先用人工方式收集這些氧氣，等到數量足夠多後再排放到大氣中。

到了這一階段的尾聲，在火星表面最低處，可能已經出現小小的綠洲，成為人類第一批居民點。這時，火星表面已經散布著幾萬億噸游離態金屬，以鐵鎳為主，間雜著各種稀有金屬，火星由此成為比地球更好的採礦點。

宇宙開發愛好者設計過各種改造火星的方案，我在這裡

並沒有添加太多新東西。然而，那些方案都有一個致命缺陷，就是希望從地球出發後，第一步就開發火星。這樣一來，只能由地球承擔改造火星的後勤任務。

和宇宙中很多地方相比，地球資源並不豐富，還要供養地球工業和幾十億人，怎麼能再去造一條為火星輸血的臍帶？所以，這些計畫沒有一個可以實施，人類只有先開發小行星、月球、金星、水星和木星，才有可能在紅色星球上成為主宰。

04 ▶ 真正的「氫彈」

人類能夠改造火星地表時，一定已經在太空中生了根，建立起龐大的工業體系，能夠調動百倍於今日的能源實現目標。於是，太陽系宜居帶裡面另外一個星球也成為改造對象。對，就是金星！有種假說認為，地球生命的祖先來自金星，現在人類可以重建故鄉。

恆星的演進規律是越年輕越冷，幾十億年前，太陽光度比現在小得多，金星表面溫度曾經和地球現在差不多，而地球表面則像火星那麼冷。甚至直到 7 億年前，金星表面可能只有二三十度，適合生命起源。

同時，當年金星上還有足夠的水。在大轟炸時代，含水小天體不可能只光顧地球，不光顧金星。所以，金星曾經有孕育生命的一切條件，那裡可能產生過微生物，甚至不排除

有多細胞生物。

由於大規模火山爆發，或者天體撞擊，金星表面一些物質迸發上天空，達到逃逸速度，離開金星飛到別處，其中一些也來到地球。迄今為止，人類在地球上發現過 15 塊火星隕石，可見類地行星之間經常有碎片來往。想當年，金星隕石帶著微生物撞擊地球，並存活下來，成為我們的遠祖，也並非不可能。

隕石撞擊地面會發生高熱，但有不少隕石落地後殘餘的體積仍然很大，裡面可能包裹著微生物。有科學家研究證明，個別微生物能在幾十萬 g 的超載中活下來，足夠承受隕石撞擊地面的衝擊。

未來，人類有可能改造故鄉，讓它重返宜居狀態，方法就是投放巨量的氫。前面說過，透過薩巴捷反應，氫與二氧化碳能夠生成水和甲烷。此時，人類已經能從木星和土星採氫，再以固體形式運到金星工廠，下一步就是直接把它們投入金星大氣。

執行這種功能的太空駁船需要改裝，以維持貨物入口處的通暢。當它在木星大氣裡收貨時，固體氫送入貨艙，然後調轉船頭，透過一圈一圈提升軌道，最終達到逃逸速度離開木星。此時的太空駁船一次可運送千萬立方公尺固體氫，雖然質量巨大，但是功率更大的火箭完全可以讓它以每秒數百公里駛向金星。

　　太空駁船以出入口朝前的姿態接近目的地,在適當距離上打開艙門,船體減速。氫塊由於慣性會飛出艙口,以原有速度飛向金星大氣。太空駁船同時調整軌道,從金星旁邊掠過。

　　這些氫塊暴露在陽光下,會有一定的蒸發,但由於速度極快,大部分仍然能擊中金星大氣,直墜其底部的高溫區,與二氧化碳發生反應,生成的水和甲烷會以氣態彌漫在大氣裡。

　　它們都是溫室氣體,這個反應也會放熱。所以,「氫塊轟炸」最初仍然會令金星大氣升溫。但是隨著二氧化碳不斷消失,溫室效應逐漸減弱,大氣溫度也會下降。低於 100 攝氏度後,已經彌漫在大氣裡的水就會變成雨滴,降落地面。不過,由於雲城分布在雲頂,不受下面氣體變化的影響,所以整個金星經濟運轉無須停滯。

　　據計算,投入 40 萬億噸氫氣後,海洋將重現金星表面。陸地上仍然很熱,但已經可以建房定居。這個改造過程可能需要上百年,幾代人都看不到收益。但是,為子孫後代建設備份星球,到那時已經成為人類的活動宗旨。所有宜居帶行星,都成為人類的家園。

05 ▶ 遠征冰巨行星

　　以前的教材只有「類地行星」和「類木行星」,現在科學家又劃分出「類海行星」,或者叫「冰巨行星」,包括天王星與海王星兩顆行星。它們的表面與木星、土星類似,也由

各種氣體組成，但由於溫度極低，這些氣體大多凝結成固態。

在這兩顆冰巨行星中，天王星雖然離太陽更近，但內部熱量比海王星少得多，所以，表面反而比海王星更冷。

這兩顆冰巨行星的表面以氫為主要成分，氫層下面是大量的甲烷、氨和水冰。由於氫的比重很小，所以雖然占比很高，但以質量而論，天王星主要是水冰。整個天王星的質量是地球的 14.5 倍，但是水冰質量能占到 64% 到 93%。

鑑於水只占地球總質量的 1/3600，僅以 64% 這個最低比例計算，天王星的含水量相當於地球的 3.348 萬倍！

當然，包括氫在內，所有這些資源都可以為人類所利用。不過，木星和土星可以直接在大氣裡採氫，而且容易得多。所以，兩顆冰巨行星的主要價值來源於下面的水和有機物。

不過，這些冰深埋在氫層下面，不易利用，反倒是不出名的天王星環是個小冰庫，它是幾百萬年前一顆天王星衛星破裂後形成的。可能在幾百萬年後又聚集成衛星。現在，人類可以派出飛船採集這裡的冰。

天王星最大的衛星是天衛四，直徑才 700 多公里，比穀神星還小，但它的主要成分也是水冰，可以解決很多補給問題。

在冰巨行星區域，人類最好的落腳之處是海衛一，它的直徑達到 2,000 多公里，是海王星從古柏帶俘獲的一個天體。海衛一表面積相當於中國國土面積的 2.5 倍！人類在那裡建造基地，會有更多的選擇。

　　海衛一外殼有 25% 是冰，這使人類有了生存保障。除此之外，海衛一表面還有凍結的氮、乾冰、甲烷和氨，都可以作為工業原料。

　　更可貴的是，海衛一表面有很多噴泉，有的高達 8 千公尺，噴的不是水，而是液氮和液體甲烷。它們從內部翻湧出來，噴到高處後凍結再落下。在噴泉附近建設收集站，便可以截留這些液體礦藏。

　　海衛一還有金屬核，占整個天體質量的 2/3，在整個太陽系衛星中排第三名。這意味著某些部位地殼很薄，金屬核心離地表很近，便於開採。

　　海衛一是太陽系裡最冷的天體之一，但對於掌握了核融合技術的人類來說，完全不是問題。核融合電站將負責海衛一上所有的能量供給。

　　人類已經在木星和土星建成巨大的工業基地，兩顆冰巨行星沒有什麼特殊資源可以反哺，它們的價值在於成為更遠征途的前哨基地。所以，派駐到這裡的人類會比土衛六少得多。

06 ▶ 開發古柏帶

　　彗星來自哪裡？

　　1950 年，荷蘭天文學家奧爾特提出假說，認為它們來自幾萬個天文單位以外的區域。第二年，美國天文學家古柏也提出假說，認為它們主要來自幾十個天文單位外的一片區域。

後來天文學家發現，這兩個區域都存在。前者提供長週期彗星，被稱為歐特雲；後者出產短週期彗星，被稱為古柏帶。

　　雖然理論上早就得到承認，但是直到 1992 年，人類才觀察到第一個古柏帶天體，取名 1992QB01。從那以後，人類相繼發現了很多古柏帶天體，以前的冥王星降級後，也被歸入其中。

　　古柏帶裡有些大天體，比如「齊娜」，比冥王星個頭還大。未來的人類技術也無法讓它們轉向，上面的資源帶到內太陽系也得不償失。所以，古柏帶裡最重要的資源就是潛在的冰星。正常情況下，它們受到大行星引力擾動時，才會離開家鄉，進入內太陽系。現在，人類可以主動開始這個過程。

　　這裡的天體既不被稱為小行星，也不被稱為彗星，而是被稱為「古柏帶天體」。與火星和木星之間那些小行星相比，古柏帶天體含水量更高，通常與岩石成分達到 1：1 的比例，比穀神星的含水量還高，甚至接近彗星的含水量。同時，它們沿著長週期軌道繞太陽公轉，與彗星軌道也有明顯不同。

　　但是這種劃分只有學術意義，從應用價值來講，它們就是大型雪塊，並且，很多古柏帶天體攜帶的有機質，都是人類可以利用的資源。

此時，人類已經經常移動小行星，重定向技術的物件已經從幾公尺、幾十公尺，發展到幾十公里，足夠移動那些大型髒雪塊。人類將製造出大型制動飛船，每艘長達百公尺，整體上就是一臺核融合引擎。幾艘這樣的飛船可以挾持一顆小型古柏帶天體，調整其軌道，讓它們飛向內太陽系。剩下的路程，將由它們自己的慣性來完成。

要知道，即使是在 1997 年擊中木星的舒梅克—李維彗星，分裂之前的彗核直徑也不過 5 公里。當我們的後代到達古柏帶邊緣時，移動這種規模的天體已經不是問題。

遷移這些古柏帶天體有什麼用？最大的作用就是轟擊火星。那裡極度乾旱，投擲的天體含水量越多越好，古柏帶天體最為適合。

通常情況下，彗星接近太陽兩個天文單位時才會長出彗尾，而火星還在這個距離之內。未來在內太陽系生活的人類，會在夜空中看到這些人造彗星拖著長尾巴，然後消失在某處。由於轟擊需要連續進行，可能一兩個月就有一顆彗星炸彈被推進來，地球人會在很長時間看著彗星在天空列隊前進。

至於那些冰少、岩石多、體積足夠大的目標，則被推送到其他地方，成為太空城的原料。一顆直徑幾公里的岩石就能掏挖出幾萬人工作和居住的空間，何況還自帶水源。它們有可能變成「火衛三」、「金衛一」或者「地衛五」，以及行星軌道之間的一系列中繼站。

07 ▶ 遙遠的前哨站

接下來，擁有足夠資源的人類，開始組隊遠征第九大行星！

第九大行星？冥王星不是被除名了嗎？是的，如今它只是古柏帶裡面一顆普通矮行星。我這裡說的是真正的第九大行星，它可能是一個類地行星，有固體表面，但體積比地球大 10 倍！也有可能是一顆冰巨行星。

即使冥王星不降級，天文學家也早就懷疑更遠的地方仍然有一顆大行星。冥王星剛被發現時，天文學家推測它的直徑達到 1.5 萬公里，比地球還大，於是就稱其為大行星。真實測量的結果卻是比月球還小，以這樣的小個頭，不足以造成海王星那種軌道異常。

所以，20 世紀就有天文學家懷疑，遙遠的太陽系邊緣還有一顆大行星，並且一定比冥王星大得多。當時，天文學家把它稱為第十大行星。光是尋找「第十大行星」的科幻小說，我就讀過不少篇。冥王星既然降了級，人們就不再尋找「第十大行星」，而是開始尋找「真正的第九大行星」。或者，乾脆把它稱為「X 行星」。

現在，人類發現「X 行星」存在的證據越來越多。

2016 年，美國加州理工學院的布朗和巴特金便發表研究成果。他們觀察到古柏帶中有 6 顆天體的運行軌道都有異常，並且，它們的軌道傾角和朝向太陽的角度都接近。一顆

兩顆還可以說是巧合,連續 6 顆都這樣,巧合的概率只有 1/14000。

所以,傳說中的那顆大行星仍然在深空中等著人類。由於陽光照到那裡實在過於暗淡,人們只能憑藉這些天體所遭遇的引力干擾,推測它的形狀。首先是質量會很大,達到地球的 10 倍!要知道,天王星的質量也只是地球的 14.5 倍。

可是問題來了,所有行星都產生於原始星雲,而這些星雲盤離太陽越近的地方越稠密,越遠的地方越稀薄。在離太陽這麼遠的地方,沒有足夠物質可以形成這麼大的天體。

其次,「X 行星 X」正沿著奇怪的橢圓軌道繞太陽飛行,遠日點達到 1,600 億公里,近日點不足 320 億公里,一萬多年才繞太陽一圈。

根據這兩個疑點,天文學家推測它是一顆被太陽俘獲的流浪行星。在遙遠的過去,它產生於另外一個恆星系。由於恆星爆發成新星,周圍的行星不是被摧毀,就是在星際間流浪。這個「X 行星」因為路過太陽,由此成為它的養子。

人類之所以遲遲未觀測到「X 行星」,是因為目前這類觀察基本上在地面進行。人類不斷走向深空,也會把觀測點外移,最終,火星軌道附近布設的天文望遠鏡就能發現「X 行星」。

雖然質量達到地球的 10 倍,它仍有可能是類地行星,並且內部還存在著地熱,會導致地殼運動。人類到達那裡,仍

可以使用地熱資源。

　　由於路途遙遠，所以只有當太空飛行器的速度達到每秒1,000 公里時，才有可能在一年內完成往返。這很可能在開發木星系時實現。隨著其他技術的日臻成熟，屆時，人類將向「X 行星」派出大型考察隊，乘坐直徑 1 公里的巨型飛船，使用核融合引擎，全副武裝進行考察。

08 ▶ 最後的邊疆

　　寒冷、黑暗的歐特雲，太陽系最後的邊疆，直到這時，才可能迎來第一批人類的使者。

　　到今天，歐特雲依舊是假說，它由荷蘭天文學家奧爾特在 1950 年提出。奧爾特認為，太陽系邊緣有個巨型冰庫，個別冰塊受引力作用飛向太陽，就形成彗星。

　　歐特雲裡既有原始星雲演化後的殘餘物質，也有像「X 行星」那樣被俘獲的流浪天體，只是除了它以外，個頭都很小。有種推測認為，這裡的天體最初也產生於太陽系內部，但是不斷被大行星彈射出去。當它們運行到足夠遙遠的地方，附近一些恆星也產生引力。這讓歐特雲「鼓」起來，不像古柏帶那樣大體還保持在黃道面上，而是呈球形包裹著太陽。

　　所以，從太陽系裡任何一個地方向四面八方飛行，都會到達歐特雲。不過，雖然稱之為「雲」，但其密度根本沒

那麼大，歐特雲裡面所有天體的總質量，最多是地球的 100 倍，分布在如此廣漠的空間，非常稀薄。

歐特雲最近的地方也有 0.03 光年，最遠處超過 1 光年。所以，飛船速度只有達到每秒幾萬公里，人類才能動一動遠征此地的念頭。脈衝飛船是實現這一速度的辦法，這種飛船的推進裝置是一個碟形反射罩，直徑達到幾公里，但是非常薄，這是為了減少質量，以把更多的動力傳導給功能艙。

在反射罩的焦點上爆炸一顆微型氫彈，能源均勻地衝擊整個罩體，就能推動反射罩前進。只要像心臟跳動那樣不斷爆炸微型氫彈，比如每半分鐘一顆，形成脈衝推動，這個反射罩就能不斷加速。釋放到 1 萬顆左右，速度便會達到每秒數萬公里。

氫彈在這裡又立了功。是的，未來的宇宙開發大事業中，氫彈必不可少。接近目標時，把這個反射罩調轉 180 度，同樣在它的焦點上引爆一顆顆微型氫彈，就能實現減速。

飛船所有的功能艙都安裝在這個巨型反射罩後面，透過減震器，讓脈衝推動變得柔和，保護裡面的設備和人員。接近目標後，飛船收起反射罩，再靠其他傳統推進方式接近目標。

歐特雲裡除了一堆「髒雪球」，沒有其他資源。這次飛行的任務主要是考察跨星系飛行的各種現象。飛船速度達到

每秒幾萬公里時，相對論效應已經很明顯，飛船上的時鐘開始變慢。如果太空人完成航程後，能夠到達歐特雲，4.2 光年外的比鄰星就不再那麼遙遠。

人類並非在太陽系地圖上開發，先完成一項才能開始下一項，所以，只要在木星系站穩腳跟，後面這些開發專案就可以齊頭並進，互相促進。用古柏帶的彗星轟擊火星，與在海衛一建立根據地或者遠征第九大行星，有可能發生在同一時代。

09 ▶ 飛向銀河盡頭

歐洲核子研究中心的「ATLAS」粒子探測器，是迄今為止人類製造的功率最大的科研儀器。開機一次的耗電量，相當於 19 世紀末全美國的發電量。

當太空經濟遠超過地球經濟之後，人均能源可能會達到今天的數十倍。可以一次集中相當於如今整個地球年發電量的能源，執行單一的科學考察或者工業開發任務。到那時，建造能夠遠征比鄰星的光子飛船終於可望實現。這種飛船可以把速度提高到每秒十幾萬公里，接近光速的一半，先前各種推進方案都不再發揮作用。

早在 1970 年代，英國星際學會就設計出一種恆星際飛行方案，被命名為「代達羅斯計畫」。在它的推進裝置裡，一個個氫彈被雷射光束引爆，由磁約束形成向後的噴射流，能

以每秒 10 萬公里速度噴射出來。幾年後，飛船會達到 1/6 光速，足夠到達另一個恆星。

不過，實施這個方案需要自備推進劑，總重 5.5 萬噸，其中推進劑就占 5 萬噸，驅動裝置又占 4,000 多噸，剩下的有效載荷才幾百噸，和現在的國際太空站體積差不多。這麼小的飛船也不可能載人，只能載儀器。

後來，人們又開始研討光子飛船方案。光子飛船和太陽帆大同小異，其主體也是一道光帆，直徑長達幾公里。這個光帆的反射率越強越好，以保持更多的光被反射回去，形成推力，而不是變成熱能被吸收。另外，它還要非常輕，以便把更多的推動力轉移給有效載荷。

目前，石墨烯和鈹都能滿足這個要求。將來奈米技術更為發達，可以在微觀上改變物質結構，製造出反射率更好的材料。

推動反射罩的不再是動量極低的自然陽光，而是人造的雷射。它將產生於直徑 1 公里的巨型雷射器，類似於「死星」上的大炮。它始終對準光帆，點亮之後，光帆的加速度極高，很快達到光速的 1/4。飛到比鄰星的半途中，再使用氫彈脈衝裝置把速度降下來。這樣一來，光子飛船只需要帶減速的推進劑。

如此巨大的雷射器，開機功率可能相當於今天人類所有電廠的發電總和。它不適合安裝在地面上，由於太空是立體

的，比鄰星並不位於太陽黃道面，所以，雷射器有可能安裝在月球，或者任何一個無空氣的天體表面，甚至完全可以建成人造行星，單獨使用。

同時，這次任務也不只是發射一個飛行器，有可能陸續發射一組飛行器。當它們按照程式進入比鄰星附近後，將形成一個考察陣列，執行不同的任務，並且彼此配合。

由於相隔達 4 光年，人類已經無法遙控它們，所以，每艘飛船都由人工智慧控制，根據當前情況隨機應變。有的飛船成為比鄰星的行星，執行長時間觀察；有的成為導航座標，供未來的人類遠征使用；有的飛往比鄰星的行星，充當其衛星，並拋出著陸器降落觀察。它們都有利用當地能源的方案，光能、化學能，不一而足。

抵近第一張比鄰星拍攝的照片發送回來後，人類將不間斷地獲得那裡的資訊。

第十章
從地球人到宇宙人

　　開發太空，絕不僅僅是要改造物質世界。在這場征途當中，人類自己也會變化。我們的心胸，我們看待萬物的視野，我們的文化、娛樂，甚至體育方式，都會不同於今天。500 年後，我們的後代可能生在宇宙，長在太空。他們追憶今天時會憐憫我們的落後，就像我們看待 500 年前的古人。

　　為生成一代新人創造條件，讓他們比我們更強大，更善良，更優雅，這才是宇宙開發的根本意義。

01 新新人類

從牽引小行星到在月球上建造城市，從在金星雲頂種糧食到在木星大氣裡採氫，你已經從這本書裡看到了太多炫酷的新科技。然而，它們都沒有下面這項重要 —— 幾十年內，人類將迎來在太空中出生的第一個嬰兒。

失重對胎兒發育會有什麼影響？這個問題很難在地面上研究。不過觀察動物胚胎發育過程，會發現上端和下端發展出不同組織，科學家便推測，動物生殖細胞中攜帶有分辨重力的基因。

然而，要在失重環境裡研究這個問題，需要將動物胚胎發射上去，再進行回收。全球只有中美俄三個國家能做這個課題，其他國家只能在地面的微重力模擬器裡進行。比如，日本就把小鼠生殖細胞送入微重力模擬器，發現能夠成功受精，但是發育不良，植回母鼠體內後，出生的小鼠的發育程度也遠低於正常水準。

鼠不僅是常用的實驗動物，也和人類同為哺乳動物，所以，鼠經常被用來做這種實驗。1996 年，美國太空梭就搭載 49 枚小鼠胚胎進入太空，結果無一發育。

2016 年，「實踐八號」實驗的主持人段恩奎繼續領導團隊，使用「實踐十號」進行這一實驗，這次終於讓胚胎發育出囊胚。由於「實踐十號」只在太空中停留 12 天，他們等不到小鼠發育成熟，但這已經是人類第一次記錄到哺乳動物

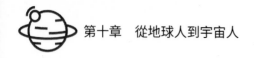

胚胎可以在太空失重環境裡成長。

　　人類在太空站中已經能停留 400 多天，不少女性科學家也登上了太空站，甚至有夫婦一起駐站的紀錄。到目前為止，還不敢用人體來進行這種危險實驗。

　　把生育過程搬上太空，還要面臨其他風險，電影《愛上火星男孩》就描述了這樣一個故事。一名女太空人和同伴們飛向火星，出發後才知道自己懷了孕，可又不能返航，只好在火星上生孩子，結果死於難產。很多地方衛生所都能解決這個問題，但火星上缺醫少藥，所以在火星上生孩子還是件危險的事情。

　　另外，至少幾十年內，人類還談不上在太空中搭建生活環境，只能先搭建科研和生產環境。嬰兒即使在太空中出生，也得返回地面生活。但是展望更遠的將來，肯定會實現人工重力，人類胚胎會在那種環境裡一直成熟到分娩。

　　在那些宇宙城市裡，終究會有一批孩子生於太空，長於太空，成為宇宙居民。他們將是全新的人類，第一代宇宙人，他們會有自己的生活方式。最初登上太空的幾千到一萬個人，肯定都是科技菁英，他們組成社區後，會把自己的生活習慣延續下去。

　　宇宙人可能比我們更有合作精神。國際太空站的太空人要在岩洞裡做幾天適應訓練，沒有隱私，所以必須互相幫助，以便在狹小的太空站裡堅持上百天。若是個性孤僻、不

能合作的人會被淘汰。

太空科幻片愛描寫宇宙殺手，星際海盜，可那不過是把地球社區直接搬進太空背景。有犯罪傾向的人早期很難進入太空，後期也會被全面監控，宇宙社區的犯罪率會非常小。

02 ▶ 地球印在身體上

在宇宙社區裡，一個人可能生於金星，長於月球，很多時間穿梭在星海。然而，幾億年進化出來的基因不可能在幾百年內發生變化，他們在身體上仍然帶有地球的痕跡。

首先受影響的是生理節奏，以 24 小時為一天，365 天為一年，這種節奏不會改變。然而，月球上一晝夜約 29.53 天，金星上一晝夜約 117 天。更不用說在星際之間，根本沒有晝夜區別。

好在自從有了載人航太，就出現了時間生物學，用來指導太空人調節生理節奏，人們在太空飛行器上用人工方法製造晝夜。不過，像年、月、星期這樣的劃分，就只能硬性與地球統一，而不會按照當地天體的運行週期。全太陽系居民都會使用同樣的曆法，否則過不了幾代，大家就難以交流了。

對重力的需求，是人類居住在太空的又一道難題。這個重力還不是泛泛的重力，必須是與地球表面相等的重力。沒辦法，誰叫我們就是從這裡進化出來的呢！太空人只在飛船裡待幾天，返回後還能自己走出艙，太空站裡返回的太空人

都得讓人抬出來。

　　金星之所以是最佳移民點，一大優勢便在於重力和地球差不多。相對於所有天體而言，更好的居所是太空城，它可以製造從失重到一個 g 的各種重力環境。

　　以輪狀太空城為例，在「輪胎」內表面可以製造出一個 g 的重力環境。從那裡朝著輪軸方向走，重力就越來越小，在輪軸中心會減少為零。如果是筒狀太空城，內壁上是一個 g，自轉軸上就是失重環境。

　　要不要把太空城裡面都打造成人工重力？不需要。在科幻片《極樂世界》中，太空城是富人們的樂園，而在現實中，人類把工業搬上太空，主要是利用失重條件。所以，工業設備將安置在太空城旋轉軸的位置上，生活設施安置在四壁，工作人員仍然保持每天上下班的節奏，不斷在四壁和軸心間通勤。

　　人類呼吸的不僅是氧氣，嚴格來說是空氣，而不是純氧。所以，太空城市不管建在哪裡，內部最好調配出地表大氣層成分的空氣。美國於 1973 年發射的天空實驗室裡面按 75％的氧氣和 25％的氮氣來調配空氣，其他太空站都參照地球大氣中的比例。

　　人體並不直接吸收氮氣，需要這麼多氮，純粹是我們習慣於在這種比例的大氣中生活。而要在太空中按這個比例調配，不僅需要氧氣，更需要大量氮氣。

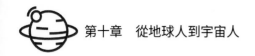

　　氧氣在太空中不難找到，有冰就行，氮氣可不容易找到。所以，金星和土衛六的價值就顯現出來，從它們的大氣層裡分離出氮氣，輸送到其他地方，調配人工大氣。

03 ▶ 宇宙工程學

　　寫這本書時我就在想，出版後它會被分類在哪門學科當中？很可能會做為「宇航技術」的科普讀物。其實並不是，宇航主要研究如何從太空的某處到另一處，現在，人類在太空中也只能做到航行。至於長時間待在某個地方，現在還只有小小的太空站。

　　這本書講的內容可能屬於「宇宙工程學」。後代們會在地球之外接受教育，所學的基礎科學知識會和地球上一樣，但工程技術方面就大相徑庭了。

　　時至今日，人類已經發展出完備的工程技術體系，但是前面要加個定語，叫作「地面工程技術」。所有這些技術都是在「地球表面」這個極特殊環境下開發出來的，其中一部分適用於其他天體的表面，另一部分要多加變通，才能適用於失重的太空環境。

　　地球上有空氣，很多工業生產用空氣對流來散熱，這個條件在真空環境下不存在。同時，在缺乏水的地方，要有代替水的技術。比如在月面上就不能用水攪拌月壤形成混凝土，而是要用燒結法把它們固定成塊。

在地球上，由於有氧氣和水的存在，金屬材料都需要防鏽處理。一些金屬燃點很低，比如鎂，在地面上只能使用它的合金或者化合物。但在真空條件下，金屬一冶煉出來就能使用，也會出現用鎂製造的大型元件。

鈉遇氧就燃燒，所以在地面上只能把它保存在有機物裡面，但在真空環境裡就不存在這個問題。由於鈉的熔點只有97.72攝氏度，所以鈉可以作為真空冶金過程的冷卻劑，這種用途在地面上完全不存在。

再比如大家熟悉的鋰電池，容易爆炸，而且鋰的儲藏量少。相反地，到處可見的鈉和鋰性質差不多，理論上也可以製作鈉電池。但是鈉的比重大於鋰，在電解液裡不容易活動，所以在地面上遲遲無法普及鈉電池。但是在失重環境下，這個缺點就不復存在了。

土木工程的重點就是對付地球引力，讓建築物不倒塌，很多設計都圍繞這個目標展開。但如果我們建造太空城，這些設計就失去了意義，它們不需要承受重牆，而是需要考慮如何讓整體結構更好地傳動。

如果是在月球、火星上建造建築，也只需要承受1/6或者1/3的地球重力，可以大大減少支撐物，擴展活動空間。

又比如，至少100年內，太空中的人造空間都比較缺乏。像地面這樣鋪設幾千平方公尺的廠房，需要準備很長的流水線，不適合於太空環境。所以，太空工廠內部空間都面臨著如何重新規劃的問題。

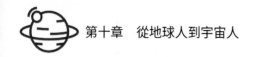

地球人進步到宇宙人，意味著在太空建立起一個全新工業體系，所需技術可能有一萬種或者幾千種，覆蓋人類科技的各方面。所以，無論你在學習哪門專業，都要想想它在各種太空環境裡怎麼應用。

幾代人後，宇宙出生的孩子們都會學習這些看似稀奇古怪的知識。不過，在他們看來十分現實。

04▶ 歡樂滿天涯

文化體育和娛樂，未來的宇宙人也不會少，只是不大可能延續地面上的節目。

在今天，99.99％的小說和影視都以地球為背景，但如果你從小就在太空裡長大，再看這樣的故事，會不會缺少現實感？如果一個人在火星上長大，在太空城裡談戀愛，在金星上結婚生育，那麼，他也更願意讀在這些背景下書寫的故事。

是的，未來的藝術家首先要創作太空故事。並且，它們不是科幻小說和科幻片，而是未來的現實主義小說。

畫家也是一樣，如果他們描繪田園生活，也是金星農場裡的田園生活。不過，未來可能很少有還在紙或畫布上作畫的畫家，而是出現大批形象藝術家，用各種材質來製造形象。比如以月壤為材料，用 3D 列印技術建造雕像。或者在木衛二上以永凍的冰為原料，製造出能在太空中看到的「大地藝術」。

太空形象藝術家們可以操作成百上千架無人小飛船，在

太空中編隊構成畫面，或者在太空城外面張起直徑 1 公里的巨幕，讓全城居民同看一部電影。由於有重力，這麼大的幕不可能在地面上張開。

宇宙人也會發展他們的體育項目。比如太空行走，就是宇宙人的基本生活技能。人們經常步入太空作業，需要熟練地駕馭飛行背包。科幻片《戰爭遊戲》裡就有一場太空競技，學員們飄浮在金屬網圈出的空間裡練習失重格鬥。

未來的宇宙奧運會極有可能在三度空間裡進行，競技空間由細網圍住，保證內部和外部一樣，但競技者不會飄浮到外面去，競技項目則有飛行競速、姿態控制等。

科幻作家克拉克在一篇小說裡，設想未來人類進行太陽帆比賽的情況。太陽帆靠太陽光壓驅動，加速度非常小，但可以持續加速，在不使用推進劑的情況下，加速到每秒上百公里。在小說中，人們像地球上舉辦帆船賽一樣，比賽對太陽帆的駕馭。不同的是，比賽場地至少有幾千萬公里。

與太陽帆類似的還有電帆技術。飛行器伸出很多電棒，攜帶正電，同樣攜帶正電的太陽射線遇到後受到斥力彈開，把反作用力傳導到飛船。這樣形成的推力很微弱，但非常持久。並且，光壓的衰減與距離的平方成反比，宇宙射線的衰減與距離的一次方成反比，所以從太陽系內部往外飛，推動力衰減要比光帆慢。未來更有可能成為一種小型飛行器，而電帆競速也會成為重要的比賽。

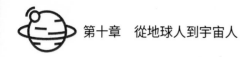

在金星上，駕駛飛機成為傳統技能。可能家家都要購買小型飛機，以便往返於功能各異的雲城。飛機比賽也會和 F1 汽車大賽那樣，在金星雲頂上空展開。

甚至還可以想想太空寵物。當水、空氣和能量極大豐富後，宇宙人不再挑三揀四，可以把各種地面上的動植物都帶入太空，也包括一直陪伴我們的汪星人和喵星人。

05 ▶ 太陽系的旅行家

旅遊是文化娛樂活動中耗資較大的項目，生活在太空中的人們，乘坐著每秒數百公里的太空飛行器，周遊於各個天體之間。他們會把太陽系中的奇景開發成旅遊目的地。下面這些地方估計會成為著名景點。

回眸地球

這個景觀就是在月球上遙望地球。1968 年 12 月 24 日，「阿波羅 8 號」載著 3 名太空人進行繞月飛行實驗。當他們從月球背面繞回來時，一名太空人為地球拍攝了照片。藍色的地球懸在畫面上半部分，灰色的月面橫亙在畫面下半部分。

這是人類第一次從這個位置拍攝地球照片。後來，有 12 個人站在月面上領略了這道風景。以後，這將是太陽系離地球最近的風景區。人們會在遙望中感受地球的脆弱，堅定走向宇宙的步伐。

月球岩洞

2007 年日本發射的「輝夜姬號」飛船，在月球赤道附近的馬利厄斯丘陵拍攝下第一個月球岩洞洞口照片。從那時起，人們用電腦識別月球照片，又找到 200 多個洞口。洞口最小的有 5 公尺寬，最大的有 900 公尺寬！類似地球上的天坑。它們是遠古時代月球熔岩活動的遺跡。

除了像原始人那樣在這些洞穴入口附近建房之外，深處將開闢成旅遊區。在那裡，有鳥巢般大小的巨型空間。由於地形原因，它們不適合進行工業開發，而是會開闢成生活區。強力燈光照亮整個空間，或者在頂端打出各種圖案。

水星日輝

置身水星的夜晚，會看到太陽發出的帶電粒子從地平線升起，在天空交匯。水星就像放在火焰上炙烤一般。不過，水星夜晚只有零下 160 攝氏度，遊客只能待在房子裡觀看這道美景。

金星雲海

地球上叫「雲海」的景觀很多，但沒有哪一處能與金星雲海相比。在 60 公里的雲城上空往下看，金星雲海毫無縫隙，氣象萬千。偶爾有硫酸雲柱升起來，進入更高的空中，成為雲層裡豎起的高塔。並且，金星雲層十分耀眼，很可能必須戴墨鏡才能欣賞。

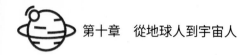

奧林帕斯火山

這是火星上的奇觀，太陽系裡已知最大的山峰，比聖母峰高 3 倍！它並不險峻，而是扁扁的錐形山，面積相當於義大利。它已經沒有熔岩活動，火山口深達 3 公里，面積更是有數千平方公里。最好的觀景點應該設在火山口中央，便於遊客仰望這一奇觀。

木星奇觀

站在木星的衛星上眺望它，感受太陽系副舵主的威嚴。這個景色你已經在科幻片《阿凡達》裡面看到過，潘朵拉星球的母星就是以木星為原型設計的。電影《流浪地球》更是反覆渲染木星的雄渾壯麗。一兩百年後，我們的後代會在木星的衛星上眺望它。

穿越星環

土星戴草帽，這是兒童都知道的天文常識。不過，著名的土星環只有幾公尺厚，一艘飛船完全可以貼近它，然後安全地穿越。這個場景，你可以在科幻片《星際救援》中看到。布萊德·彼特飾演的主角跳出飛船，僅靠火箭背包，隻身從海王星的行星環中穿越。土星環和海王星的行星環成分類似，厚度也差不多。將來，它既是當地人的採冰點，也是一個娛樂場。

太陽系裡值得開發的美景還有數百上千處，在這些地方長大的後代，會有我們無法相比的胸懷。

06 ▶ 宇宙考古學

當人類開發小行星時，常駐太空的人可能只有一百多名。

當人類建設月球工廠時，常駐太空的大致有好幾千人。

當人類進入金星大氣時，太空人口會增加到一萬名。

太空城普遍建成後，宇宙人的總數會超過十萬。

木星家園奠基後，一百萬人在太陽系各處忙碌地工作著。

第一艘恆星際飛船踏上征途，可能要在幾個世紀以後了。屆時，至少有一億人會出生在地球之外，成為宇宙民族。他們將開創太空考古學，以這種方式追溯祖先們進入太空的歷史。

太空考古學會找到並保存地外天體上的遺跡。阿姆斯壯在月球上踩出的腳印肯定是第一個目標。後人會找到它，並在上面建立起登月歷史博物館。人們還會尋找「月球 2 號」的撞擊坑，它在 1959 年 9 月 12 日撞擊月面，成為第一個到達其他天體的人造物體，還有「月球 9 號」的著陸艙，它在 1966 年成為第一個著陸於其他天體的飛行器。

金星表面的探測器已經成為灰燼，但火星表面會殘存著探測器的殘骸。從 1964 年的「水手 4 號」開始，人類在紅色星球表面已經留下了不少遺跡。甚至科幻片中也不乏這樣的情節，後來的太空人依靠前人留下的探測器求生。

將來，這些探測器會在原位保存下來，供後人憑弔。或者，它們會被收集到一處展覽，而在降落點建立紀念碑。

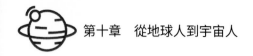

2015 年，美國的「信使號」完成水星考察任務後，撞向水星表面，在那裡留下了一個微型環形山。這是到目前為止，水星上唯一的人類遺跡。當然，將來這樣的遺跡會越來越多，並成為後代的紀念地。

除了其他天體上的遺跡，太空考古學還會找尋那些早年的太空飛行器，把它們送入博物館。其中包括「月球 1 號」，它在 1959 年 1 月 4 日掠過月球後，進入太陽軌道，成為人類第一個人造行星，以 450 天的週期圍繞太陽公轉，直到被考古學家找到。

1977 年 9 月 5 日發射的「航海家 1 號」，現在已經飛到 200 多億公里外。它長期依靠著一臺同位素發電機工作，不過到 2025 年，電源不足以支援任何儀器，它將在宇宙中安靜地飛行。未來某一天，太空考古學家會駕駛著每秒數百公里的飛船把它找回來，陳列在某個宇宙紀念館裡面。

至於它上面攜帶的那些與外星人溝通的資訊，星際飛船會代勞，以現在的速度，它到達歐特雲都需要上萬年。

07 ▶ 宇宙人的後花園

《天堂之泉》是克拉克創作的科幻名著，作者設想了「天梯」這種廉價發射技術。我在前面並沒有介紹，是覺得它在經濟上完全不可行。人類會更多地使用太空資源來開發太空。

但是，這部小說結尾處的描寫，我卻覺得有可能實現。

克拉克寫到，天梯建成後，大部分人類都透過這種廉價技術進入太空，地面上只剩下很少的人。由於人類不再占用自然資源，地球重新變綠，成為太空人類的後花園。

發現新家園，告別舊家園，這種事情在人類歷史上屢見不鮮。在人類的發源地東非，現在只有 2 億人生存，剩下 70 多億都分散到新家園。

移民美洲的歐洲白人，主要來自西班牙、葡萄牙和英國。現在美洲有 7 億多人，這三個國家原住民加起來只有 1 億出頭。當然，並不是說老家的人大部分都移民出來，而是新的疆域養活了更多的人。

工業革命後，農民紛紛離土離鄉，成為工人，進而成為市民。當一個國家的市民還少於農民時，它的工業產值就已經超過農業，也吸引更多的人進入城市。最終，發達國家有九成左右的人口生活在城市，而 200 年前正好相反。

將來在太空中發生的事與此類似。最初一段時間，太空生活非常艱難。然而，我們第一批走出非洲的祖先也是如此。據記載，美洲最早的歐洲移民經常會在一年內死亡幾分之一，甚至全部。相比之下，征服太空還沒那麼恐怖。

只要打破太空工業的瓶頸，資源優勢就會盡顯無疑。反映到收入上，在太空工作明顯要超過在地面工作。更多的年輕人，有知識的人進入宇宙，他們會把家搬過去，後代也出生在那裡。

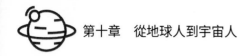

　　當火星和金星改造完畢後，人類主體可能會移民太空，散布星海。地面上的礦山大部分都會關閉，綠樹重新覆蓋大地，甚至連農田都會減少很多。

　　從自然倫理上來說，地球是人類與各種生物的共同家園，而太空並不是。在地球上進行開發，無論大地還是海洋，總會影響某些生物的生存環境。在完全無生命的宇宙空間裡進行開發，就不存在這個倫理包袱。

　　在遙遠的將來，地球會成為宇宙人的後花園。天上的後代們會來這裡旅遊觀光，學習歷史，緬懷先人征服太空的業績。但他們不大會留下來工作，剩下那些地球居民的人均資源占有量明顯比他們少得多。反映到價格上，就是在地球工作收入低。當宇宙人已經習慣遨遊天體時，地球人買張軌道旅行票還要花很多積蓄。

08 ▶ 太空開發共同體

　　開發太空，是人類繼學會直立行走後最偉大的創舉，後者使類人猿變成人類，前者則使人類變成宇宙人。

　　從 1950 年代啟動航太事業，到人類能在太空城裡生產第一種產品，估計需要八九十年。這段時間在歷史長河，絕對算不上漫長。幾百年後，宇宙時代的人類看待我們，就猶如我們在回望中世紀。

　　他們會站在幾億公里外的定居點上，讓孩子從群星中辨

認地球。並且告訴他們，在那個小光點上，人們曾經為一點點資源爭個你死我活。

然而，太空事業的很多前期投入毫無收益可言。至少要發射幾千噸到一萬噸物資，才能在太空中形成初步生產能力。可能要幾十年到一個世紀之久，太空社會才能自給自足。

誰來開啟這個偉大時代？最有可能的就是各國政府組成國際宇航共同體。人類宇航事業的家底來自幾個大國，至少一個世紀內，也只有政府才能動員足夠力量，打造航太事業的基礎。而上述每項事業，一個國家都無法承擔。所以，各國政府能在太空中合作，是頭一個選項。

國際太空站是目前政府間合作的典範。它在 1993 年籌畫，1998 年建站。如今已經運行了 20 多年，還將運行 8 年左右。在此期間，共有 16 個國家參與此項工程。

然而，畢竟是政府間的合作專案，而不是聯合國主導的專案。長達 30 多年時間的專案運行過程中，會受政局變化的影響。國際太空站以美俄兩國為基礎，1993 年蘇聯剛解體，兩國還處於蜜月期，宇航專家們更是有合作的期待。在冷戰中，他們就完成過多次太空對接，共同進行科學實驗。

然而十幾年後，情況發生了變化，特別是俄烏交惡事件，嚴重影響了美俄在太空站的合作。到現在，小小的國際太空站都有明顯的界限。美俄兩國的艙室技術標準不同，人

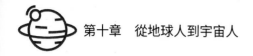

員也不在一起吃飯。美國太空梭退役後，所有乘員都只能搭乘俄國飛船入站。受政局影響，俄國曾經威脅不搭載美國人。

　　未來，可能會出現幾十個國家參與的太空開發共同體，其中有很多現在還不認識的新面孔。他們都有資源可以提供，並且分享其中的收益。人類太空事業不再維繫於美俄兩個國家，並受他們之間關係的影響。

09 ▶ 太空企業家

　　在著名太空科幻系列片《星際爭霸戰》中，主角們穿越星海時，所乘坐的飛船名為「enterprise 號」。這個單字也是一艘美國航母和一架太空梭的名稱。在中文裡，它有時被翻譯成「企業號」，有時被翻譯成「進取號」或者「奮進號」。

　　經營企業就是在商海中冒險，所以，這兩個翻譯都算正確。所謂「企業家精神」，冒險是其本質。而在太空事業中，企業家也正成為重要力量。

　　太空時代之初，一方面發射技術複雜，場地建設費用昂貴，私人企業承擔不了，另一方面，各大國對私人航太都有管制。理論上來說，幾十萬元就能製造一枚 V2 式火箭，很容易成為恐怖襲擊手段，所以，發射長期以來由國家管控。

　　21 世紀初，美國向民營企業開放了太空發射許可權，從此培養起一大批民營航太企業。微軟創辦人之一保羅、亞馬遜創辦人貝佐斯等人都在打造民間航太企業，在廉價航太上

進行嘗試。他們還取得了不少技術進步，比如用飛機發射衛星，或者無人太空梭。

科技狂人馬斯克創辦的 SpaceX 更是出盡風頭，他一手完成了回收火箭的壯舉。維珍公司則專注於太空旅遊，不斷提升亞軌道飛行器的功能。

如今，美國加利福尼亞的莫哈維沙漠成了下一個矽谷，大量小型航太企業在那裡創業。歐洲航太實力較弱，但是民間愛好者發射小火箭、小衛星之類的事情也是層出不窮。

除了親自操刀，還有一些企業家以設置獎金的形式，促成某個單項航太科研目標的實現。「安薩里 X 大獎」就是著名的航太獎項。它設立於 1996 年 5 月，金額為 1,000 萬美元，要求獲獎者能夠用太空飛行器將 3 名乘客送出 100 公里外的卡門線，並且安全返回，還要在兩週內使用同一架飛行器重複做一次載人飛行。

這項大獎的目標，就是鼓勵研製廉價發射系統，並且，設置者指明該獎項只授予民間公司，以鼓勵全民參與航太的熱情。

2007 年，谷歌公司設置了「月球 X 大獎」，如果有人將太空飛行器登陸月球，開動至少 500 公尺，還能向地球傳回照片和影片以資證明，就能獲得這個獎。至於獎金，從開始的 2,000 萬美元提高到 3,000 萬美元，不過，這個獎限定只頒發給民間企業，而不是各國航天局。

電子書購買

爽讀 APP

國家圖書館出版品預行編目資料

現在最流行的投資，在太空！行星取水、宇宙冶
金、太空種菜、生物製藥……當你發現在地球上
能做的事都能搬到太空中，科幻就變成科技了！
/ 鄭軍 著 . -- 第一版 . -- 臺北市：崧燁文化事業有
限公司 , 2024.01
面；　公分
POD 版
ISBN 978-626-357-885-2(平裝)
1.CST: 太空科學
326　　　112020804

現在最流行的投資，在太空！行星取水、宇宙冶金、太空種菜、生物製藥……當你發現在地球上能做的事都能搬到太空中，科幻就變成科技了！

臉書

作　　者：鄭軍

發 行 人：黃振庭

出 版 者：崧燁文化事業有限公司

發 行 者：崧燁文化事業有限公司

E - m a i l：sonbookservice@gmail.com

粉 絲 頁：https://www.facebook.com/sonbookss/

網　　址：https://sonbook.net/

地　　址：台北市中正區重慶南路一段六十一號八樓 815 室

Rm. 815, 8F., No.61, Sec. 1, Chongqing S. Rd., Zhongzheng Dist., Taipei City 100,
Taiwan

電　　話：(02) 2370-3310　　　傳　　真：(02) 2388-1990

印　　刷：京峯數位服務有限公司

律師顧問：廣華律師事務所 張珮琦律師

定　　價：320 元

發行日期：2024 年 01 月第一版

◎本書以 POD 印製

Design Assets from Freepik.com